Анатолий Невзоров

Микрофизика холодных облаков: феномен жидкой фазы

AF167402

Анатолий Невзоров

Микрофизика холодных облаков: феномен жидкой фазы

Мифы и реалии в современных знаниях

LAP LAMBERT Academic Publishing

Impressum / Выходные данные

Bibliografische Information der Deutschen Nationalbibliothek: Die Deutsche Nationalbibliothek verzeichnet diese Publikation in der Deutschen Nationalbibliografie; detaillierte bibliografische Daten sind im Internet über http://dnb.d-nb.de abrufbar.

Alle in diesem Buch genannten Marken und Produktnamen unterliegen warenzeichen-, marken- oder patentrechtlichem Schutz bzw. sind Warenzeichen oder eingetragene Warenzeichen der jeweiligen Inhaber. Die Wiedergabe von Marken, Produktnamen, Gebrauchsnamen, Handelsnamen, Warenbezeichnungen u.s.w. in diesem Werk berechtigt auch ohne besondere Kennzeichnung nicht zu der Annahme, dass solche Namen im Sinne der Warenzeichen- und Markenschutzgesetzgebung als frei zu betrachten wären und daher von jedermann benutzt werden dürften.

Библиографическая информация, изданная Немецкой Национальной Библиотекой. Немецкая Национальная Библиотека включает данную публикацию в Немецкий Книжный Каталог; с подробными библиографическими данными можно ознакомиться в Интернете по адресу http://dnb.d-nb.de.

Любые названия марок и брендов, упомянутые в этой книге, принадлежат торговой марке, бренду или запатентованы и являются брендами соответствующих правообладателей. Использование названий брендов, названий товаров, торговых марок, описаний товаров, общих имён, и т.д. даже без точного упоминания в этой работе не является основанием того, что данные названия можно считать незарегистрированными под каким-либо брендом и не защищены законом о брендах и их можно использовать всем без ограничений.

Coverbild / Изображение на обложке предоставлено: www.ingimage.com

Verlag / Издатель:
LAP LAMBERT Academic Publishing
ist ein Imprint der / является торговой маркой
OmniScriptum GmbH & Co. KG
Heinrich-Böcking-Str. 6-8, 66121 Saarbrücken, Deutschland / Германия
Email / электронная почта: info@lap-publishing.com

Herstellung: siehe letzte Seite /
Напечатано: см. последнюю страницу
ISBN: 978-3-659-62460-5

Copyright / АВТОРСКОЕ ПРАВО © 2014 OmniScriptum GmbH & Co. KG
Alle Rechte vorbehalten. / Все права защищены. Saarbrücken 2014

Микрофизика холодных облаков: феномен жидкой фазы

Современное учение о физике воды и облаков с температурами ниже 0^oC оставляет множество вопросов в части формирования, эволюции, фазово-дисперсного состава и физических свойств внутриоблачной полифазной среды. Ортодоксальный канонический подход к решению этих проблем безуспешно исчерпал свои возможности.

Цель настоящей работы – восполнить серьёзные пробелы в данной области знаний на основе системного анализа информации, затрагивающей различные аспекты физической химии воды и включающей авторские натурные исследования по микрофизике холодных облаков.

Анатолий Николаевич Невзоров, кандидат физ.-мат. наук

Центральная аэрологическая обсерватория
Первомайская, 3, г. Долгопрудный Московской обл.
141700 РФ

Оглавление

Предисловие от автора

С дипломом инженера - физика 1958 года выпуска, я приступил к работе в лаборатории облачных исследований Центральной аэрологической обсерватории (ЦАО). До 1975 года лабораторию возглавлял Александр Моисеевич Боровиков – выдающийся учёный, опытный альпинист достойным светлой памяти по всем человеческим качествам. Это он заложил во мне любовь к молодой ещё науке о физике атмосферных облаков, которой я служу уже без малого 60 лет, изучая "изнутри" микрофизические характеристики облачной среды. Первым заданием было создание самолётного прибора для измерения размеров крупных облачных частиц. Так в муках родился первенец – ИРЧ, впоследствии принёсший нашему авторскому коллективу диплом о регистрации научного открытия. Последующие приборы создавались в порядке личной инициативы, исходя из научной целесообразности, Руководил разработками, участвовал в полётах по сбору экспериментального материала, а также в его обработке, анализе и обобщении результатов. По мере расширения состава данных о микрофизическом строении холодных (с температурами ниже 0°C) облаков, всё больше убеждался в том, что эти данные идут вразрез с представлениями "формальной" науки, сложившимися на почве весьма скудной эмпирики. Наши целенаправленные приборные разработки позволили к концу 1980-х сформировать действующий комплекс облачной аппаратуры, уникальный по информативности применительно к холодным облакам смешанного фазового состава. В настоящий труд включено детальное описание функциональных возможностей комплекса с целью убедить читателя в реальности полученных "аномальных" результатов.

Кризис 1990–2000-х годов, нанёсший тяжелейший удар по отечественной науке, не минул и ЦАО. Рухнули надежды на продолжение только что начатых, наиболее результативных лётных исследований. Зато я получил возможность тщательно проанализировать последние, самые ценные данные, чудом сохранившиеся в хаосе "перестройки" в чреве списанного компьютера. И здесь меня ожидал новый сюрприз. Оказывается, жидкая капельная вода в холодных облаках, грубо нарушающая предписанные ей нормы поведения, это не самая обыкновенная и вроде бы хорошо изученная вода, а,…впрочем, не будем забегать вперёд. Перед Вами книга, из которой можно узнать неожиданное о воде и облаках и не только, а также получить ответы на многие, даже не заданные вопросы.

Книга рассчитана на читателей, интересующихся естественными науками.

1. Введение

Атмосферные облака – одна из основных и важнейших форм существования на планете Земля вещества H_2O – обыкновенной воды. Покрывая собой единовременно почти половину поверхности Земли, они служат неотъемлемым элементом погоды и климата, снабжая всё живое живительной влагой и защищая его от перегрева и переохлаждения.

Облака – это не просто скопление мелких частиц жидкой воды и льда, какими их чаще всего представляют авторы научных трудов [7,21,42]. По существу, облачное образование отображает непрерывный процесс фазовых и дисперсных превращений воды, сложным образом взаимодействующий с целым рядом других атмосферных процессов – аэро- и термодинамическими, аэрозольными, химическими, радиационными, электрическими... Добавим сюда различного рода антропогенные факторы вплоть до непреднамеренной и искусственной, с целью достижения желаемого эффекта, модификации облачных образований. Извечные капризы облачности далеко не всегда приятно влияют на процессы жизнедеятельности. К примеру, с облаками и туманами (теми же облаками, только приземными) связаны различные транспортные проблемы – потери видимости на земле и воздухе, снежные заносы, обледенение самолётов, аэродромов и автотрасс, сильные ветры, болтанка самолёта и прочие досадные неприятности. Воплощением более грозных сил природы служат атмосферные облака, порождающие проливные дожди с грозами и градом, а также ураганные ветры, переходящие в смерчи и тайфуны и вызывающие штормовые волнения водных поверхностей Земли. Но всё это отступает перед трагическими бедствиями, вызванными разрушительной стихией особо опасных явлений – цунами, наводнений, гололедицы, градобитий, снежных лавин, торнадо.

Характерно, и это давно известно, что подобные катаклизмы зарождаются в мощных кучевых облаках, вершины которых глубоко проникают в слои атмосферы с отрицательной температурой воздуха. По грубым прикидкам, только в одном кучево-дождевом облаке относительно скромных размеров – с горизонтальным сечением порядка 1 км^2 и высотой 5 км – могут скапливаться до нескольких тысяч тонн сконденсированной (в жидкой и ледяной формах) воды и сравнимая масса водяного пара. Все фазы воды взаимодействуют между собой и с динамикой воздушных движений. Однако на уровне современных знаний остаётся только строить догадки-теории о механизмах образования и мере той колоссальной энергии, которая способна оказать особенно сокрушительное воздействие на земные объекты.

В решении многих научных и прикладных задач, связанных с атмосферными облаками, на первый план выходят микроструктура облаков, их физические свойства, процессы и стадии эволюции, эффекты целенаправленных и непреднамеренных воздействий. Особый практический интерес вызывают облака с отрицательными (по Цельсию) температурами, или холодные облака (далее ХО), преобладающие в облачном покрове Земли и имеющие специфические особенности строения и эволюции из-за неоднозначности фазового состояния облачных частиц. Преобладающее большинство ХО составляют облака, в состав которых явным образом входят ледяные частицы. Объединим их под термином "льдосодержащие облака" (ЛСО). Как это ни покажется странным, при всей важности проблемы физики и в частности микрофизики ЛСО, она остаётся самым отсталым звеном науки о физике атмосферы в целом.

Становление физики облаков как самостоятельной науки относится к 30--40-м годам прошлого столетия и инициировано, прежде всего, растущими потребностями авиации. Тогда же была реализована встречная возможность использования самолёта как для оперативных наблюдений, так и для комплексного мониторинга состояния атмосферы, включая характеристики облачности. В течение истекшего с тех пор периода во всём мире создавались всё более совершенные методы и средства облачных исследований на основе бурного развития технологических возможностей. Однако общий научный прогресс почти не коснулся базовых концептуальных представлений в микрофизике ХО, изначально сложившихся на априорной физической основе при второстепенной и даже подчиненной роли натурного эксперимента. Традиционное, чуть ли не фанатическое следование застывшим догмам грозит превратить физику ХО в созерцательную и малопродуктивную науку.

Настоящее исследование посвящено доказательству необходимости и возможности внести полную ясность в нерешённые проблемы науки о микрофизике холодных атмосферных облаков.

2. Состояние проблемы

Современное понимание физики холодных облаков включает в себя прочное представление о том, что их жидкая дисперсная фаза состоит из капель переохлажденной воды, метастабильной в отношении превращения в кристаллический лёд (замерзания). Это фазовое превращение капли происходит при её контакте со льдом или с инородным льдообразующим зародышем, или ядром (ЛЯ). Считается, что именно процесс замерзания капель генерирует ледяную дисперсную фазу. При этом первоначальное парциальное давление водяного пара, практически насыщенного по отношению к жидкой воде (что служит условием устойчивого существования облачных капель), сильно пересыщено относительно новообразованного дисперсного льда вследствие более низкого насыщающего давления пара над ним. Такая разница вызывает сток пара на ледяные частицы и соответственно их конденсационный рост и в свою очередь заставляет капли испаряться, передавая свою массу ледяным частицам.

Описанный процесс спонтанной перегонки влаги с жидких капель на ледяные частицы носит название процесса Бержерона – Финдайзена. Собственно процесс Бержерона – Финдайзена. длится до тех пор, пока полностью не испарятся жидкие капли. В свете существующих представлений, облако может иметь смешанный фазовый состав только во время протекания процесса Бержерона – Финдайзена. Полностью процесс фазового перехода завершается поглощением ледяными частицами (кристаллами) пересыщающего остатка водяного пара с образованием конечно устойчивого облака ледяных частиц.

Таким образом, в каноническом учении о фазовом строении и эволюции ХО жидкой дисперсной фазе и, следовательно, смешанному составу облака отводится роль временной промежуточной стадии фазовой эволюции ХО. В области температур ниже $-40^{\circ}C$ стабильное существование переохлажденной воды вообще физически запрещено, и обычно предполагается, что ледяные кристаллы образуются непосредственно на ЛЯ.

Таковы, в вольном изложении, основоположные начала современного учения о микрофизическом строении ХО. Справедливость описанных представлений трудно отрицать с позиций современных физических знаний и лабораторного опыта. Тем не менее, поражает тот факт, что концепции, сформированные на прочной научной основе, тотально и существенно расходятся с фактическими натурными наблюдениями. В число самых явных несоответствий входят:

(1) аномальная жизнеспособность водяных (переохлажденных) и особенно смешанных по фазе облаков слоистых форм;

(2) существенные различия между счетными концентрациями облачных ледяных частиц и естественных льдообразующих ядер (ЛЯ) как по порядкам величин, так и по температурной зависимости [19 –21,37,38,42].

(3) эпизодически обнаруживаемое присутствие жидкой фазы в облаках с температурами ниже $-40^{\circ}C$ [44];

(4) взамен ожидаемого полного испарения жидкой воды в смешанных облаках, присутствие в них необычайно крупных (с размерами до сотен микрометров) капли, обнаруживаемых как прямыми и виртуальными пробами частиц

[3,12,15,20], так и явлением "обзернения" ледяных кристаллов замерзшими каплями [3,11,42];

(5) до сих пор чрезвычайно далека от понимания физика образования зимних замерзающих дождей (гололёд) и смешанных (снег с дождем) осадков. Популярная гипотеза о зонах таяния льда в осадкообразующих XO, как и другие предложенные версии, физически безосновательна и, как следовало ожидать, не получила надёжного экспериментального подтверждения [29].

Возможность, подчеркнем, стабильного перманентного сосуществования в одном облаке неравновесных дисперсных фаз остается без убедительных доказательств по существу. Версия глубокой и регулярной модификации свойств воды растворенными примесями легко опровергается простым сравнением массовых концентраций атмосферного аэрозоля и облачной воды. Версия поддержания влажного пересыщения в восходящем потоке [21] вступает в конфликт с реальными микрофизическими и аэродинамическими характеристиками слоистообразного облака (кстати, описанными там же) и не учитывает влияния их вынужденной эволюции.

Поиски объяснений подобного рода противоречий ведутся уже давно. Однако предложенные и широко обсуждаемые версии до сих пор не вышли из статуса умозрительных абстрактных гипотез, не всегда согласуются между собой и лишь в лучшем случае заслуживают экспериментальной проверки.

В течение длительного времени развитие науки о физике XO сдерживалось экспериментальными трудностями. Главный недостаток проводимых исследований состоял в отсутствии детальных фактических данных о фазовом и дисперсном строении (двухфазной микроструктуре) естественных облаков в процессе их эволюции. Однако не похоже, чтобы недостаточность эмпирической информации всерьёз осознавалась ведущими учёными, ибо традиционно восполнялась понятными и привычными априорными представлениями, облекаемых в форму абстрактных теорий.

Поскольку разрозненные и эпизодические данные о микрофизическом строении XO и его эволюции далеко не всегда укладываются в рамки теоретических схем, их вольно или невольно рассматривают в качестве частных, нетипичных ситуаций и не признают за ними отображения общего правила. Между тем, даже беглый обзор накопленных к настоящему времени результатов наблюдений выявляет их тотальное отличие от абстрактных концепций, так что говорить об экспериментальном подтверждении последних просто не приходится.

Говоря о недостаточности имеющихся экспериментальных средств, следует особо отметить, что наиболее информативные, самолетные средства далеко не всегда позволяют достоверно определить такую важнейшую характеристику холодного облака, как его фазовый состав. Особенные затруднения вызывает обнаружение малого присутствия второй дисперсной фазы на фоне основной. Даже наиболее совершенная стандартная аппаратура мирового уровня мало способствует объективному решению этой задачи.

В практике самолетных наблюдений ледяная фаза в облаке распознается по признаку наличия достаточно крупных кристаллических частиц (сравнимых по размерам с частицами осадков), обнаруживаемых либо визуально, либо по показаниям соответствующих приборов. О наличии жидкой фазы в заведомо льдосодержащих облаках (ЛСО) обычно судят по факту обледенения самолета и оптическим явлениям в облаке (глория, дождевая радуга), а также по таким косвенным признакам, как определенно повышенная оптическая плотность облака, преобладание мелких частиц в приборных показаниях и др. [1,2,21]. Важно отметить, что, напротив, полное *отсутствие* в ХО как ледяной, так и жидкой фазы не поддается объективному определению ни одним из доступных сегодня способов ввиду их так или иначе ограниченной чувствительности. Такой недостаток информации принято восполнять априорным представлением о временном существовании жидкой фазы в ЛСО, на основании которого ЛСО без обнаружимых признаков жидкого компонента автоматически относят к чисто ледяным. Безусловно ледяными считаются облака с температурами ниже -40°С, физически запрещенными для существования переохлажденной воды]. Аналогично, в случае необнаружения признаков ледяной фазы облако рассматривается как чисто водяное.

Таким образом, наблюдения фазового состава ХО реальными существующими средствами, казалось бы, подтверждают принятые представления об их разделении на чисто водяные, смешанные и чисто ледяные. Однако по логике получается, что адекватность определения фазового типа конкретного облака зависит от возможностей применяемых экспериментальных средств и не лишена субъективных влияний. В любом случае фактический смешанный фазовый состав облака распознается с полной достоверностью, а идентификация по доступным признакам чисто водяной либо чисто ледяной структуры может с большой вероятностью оказаться ошибочной.

Ещё в 1950-х годах на основе массовых наблюдений примитивными средствами в сети самолётного зондирования бывшего СССР, А. М. Боровиков [1,21] получил статистически обобщенную температурную зависимость относительной повторяемости жидкого, смешанного и ледяного состояний облаков слоистых форм, показанную на рис.2.1. Вплоть до настоящего времени эти уникальные для того времени данные считались справочными. Как и в общем случае, к чисто водяным и чисто ледяным были отнесены облака, в которых вторая фаза не обнаруживала себя в стандартных признаках. В итоге доля смешанных по наблюдениям облаков, определяемая как среднее относительное время жизни слоистообразного облака в смешанном состоянии, достигала максимума ~40% в области температур –20…–10°C. Однако именно при этих температурах смешанная стадия должна быть самой быстротечной ввиду максимальной разности насыщающего давления пара над водой и льдом (рис. 3.2), а также преобладания в облаках ледяных кристаллов дендритной и других сложных форм [1,2,21], отличающихся наиболее развитой поверхностью для стока водяного пара.

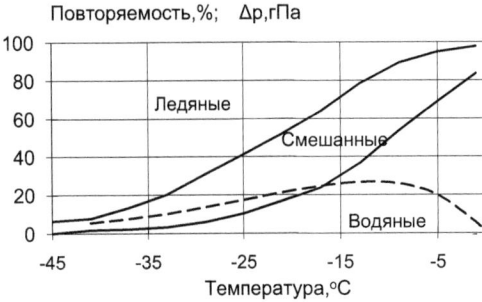

Рис.2.1. *Диаграмма относительной повторяемости фазового состояния облаков в зависимости от температуры, полученная А. М. Боровиковым из сетевых наблюдений 1950-х годов [5]. Пунктирная кривая – разность парциального давления насыщенного пара над водой и льдом.*

Характерно, что согласно объективному и непредвзятому первоисточнику [1], заведомо смешанные облака в более чем 6% случаев встречались при температурах ниже –40°C. Широкое использование высокочувствительного фазово-избирательного прибора [34] подтверждает возможность наличия жидкой фазы в облаках при T < 0°C. О типичном присутствии сферических частиц (т.е. жидких или замёрзших капель) в ХО свидетельствует обычное для них оптическое явление глории [10], по всем соображениям возникающее на скоплении прозрачных сфер [10, 21,24].

Здесь перечислены те голые факты, которыми до последнего времени ограничивались эмпирические знания о фазовом строении и микроструктуре ХО. Легко понять, почему сложившиеся представления в физике ХО опираются не на скудную и разрозненную эмпирику, а на привычные физические представления. В свете этих, в основном абстрактных представлений реальные факты выглядят аномальными и обычно воспринимаются либо как следствия экспериментальных неточностей, либо как исключения из общепризнанных закономерностей. Между тем, упорная воспроизводимость только такого рода наблюдений не позволяет ставить точку на этом вопросе и заставляет вплотную приступить к поискам реальных закономерностей в микрофизическом строении ХО, или хотя бы фактов, способных пролить свет на их физические причины.

Все сказанное убеждает в том, что существующие представления в физике ХО остро нуждаются в кардинальном уточнении, основой для которого должен послужить существенно продвинутый натурный эксперимент, сочетающийся с объективной, непредвзятой интерпретацией его результатов. Возможности оригинальной самолетной исследовательской аппаратуры, разработанной под руководством и при участии автора в лаборатории физики облаков ЦАО, позволили основательно приблизиться к решению этой задачи и получить новые, уникальные по информативности экспериментальные данные о микрофизическом строении ХО. Показательно, что наши новые данные смыкаются с известными "аномальными" наблюдениями и всё сильнее расходятся с общепринятыми привычными концепциями.

Результаты статистически значимой серии комплексных измерений выявили новые особенности фазово-дисперсного строения атмосферных облаков с отрицательными температурами. Убедившись в тщетности попыток их объяснений на привычной ортодоксальной основе, мы переключили внимание на рассмотрение свойств жидкой фракции в ХО. Для разработки этого нового аспекта проблемы имеются определённые объективные предпосылки.

Действительно, в настоящее время известны уникальные лабораторные эксперименты, расширяющие общие представления о свойствах вещества H_2O при низких (100 – 160K, или ниже –110°C) температурах, но судя по опубликованным сведениям [3,21,42] лишенные адекватной физической интерпретации. Совместное рассмотрение наших и сторонних экспериментальных результатов, независимо от их трактовки самими авторами, создает основу для выработки новых концепций в физике облаков на основе уточнённых представлений в физической химии воды, связанных с существованием и свойствами ее альтернативных структурных, или фазовых состояний. Этому посвящены дальнейшие разделы настоящей работы.

3. Экспериментальные средства и результаты

В течение прошедших лет "аномальное" поведение жидкой дисперсной фазы в льдосодержащих облаках (ЛСО) не привлекало серьезного внимания вследствие эпизодичности и разрозненности наблюдений и под видом всевозможных случайностей и артефактов. Отказ от методов прямого пробоотбора облачных частиц, неудобных в использовании на современных самолётах, лишил исследователей наиболее достоверного средства идентификации фазового состава холодных облаков, а подобные данные со стороны сменивших их технически сложных приборов уперлись в скепсис по поводу достоверности или адекватной интерпретации показаний самолётных приборов. В наших исследованиях вопросу достоверности приборных данных уделено особое внимание.

3. 1. Технические и методические средства исследований

Описываемые далее неординарные результаты натурных исследований микроструктуры холодных облаков были получены с помощью уникальной самолётной исследовательской аппаратуры, созданной в ЦАО под руководством и с участием автора. Более или менее подробные описания входящих в неё приборов рассеяны по отдельным статьям в различных изданиях [17–20,34–38,41]. Функциональные возможности и технические характеристики приборных разработок были изначально целенаправленны на исследования фазовых компонентов микроструктуры холодных облаков, с главным упором на малоизученную жидкую фазу. В состав сформированного на их основе самолетного облачного микрофизического комплекса (СОМК) вошли следующие приборы, изготовленные в разное время в виде единичных действующих образцов:

– Измеритель фазовых составляющих водности облаков ИВО;
– Измеритель (регистратор) прозрачности облаков РП-73;
– Анализатор фазы и спектрометр облачных частиц АФСО;
– Измеритель спектра размеров крупных частиц ИРЧ.

С самолетным предназначением приборов связаны основные трудности их экспериментальных градуировок, избежать которых удалось за счет использования методов измерений, допускающих полностью (ИВО, РП, ИРЧ) или частично (АФСО) расчетную градуировку. Выходные показания всех приборов СОМК (до 24 параметров, включая служебные отметки) регистрировались в визуальном аналогом виде на бумажных фото лентах двух 20-канальных оптических самописцев при скорости их протяжки 2,5 мм в секунду. Такой формат визуальной записи при времени осреднения выходов приборов $0,25 \div 0,5$ с позволял наглядно прослеживать общий характер и детали пространственного хода и взаимосвязи измеряемых облачных параметров, выбирать участки для выборочной содержательной обработки и т.д.

Выносные поточные датчики приборов были помещены во встречный поток посредством консольных стоек на обшивке фюзеляжа самолёта Ил-18. Места установки стоек и удаление датчиков от обшивки были выбраны с расчётом минимального искажения встречного воздушного потока. Мы отказались от зарубежной практики размещать датчики под несущими крыльями самолёта, где по всем показаниям встречный поток испытывает наибольшее вовозмущение вследствие сильного сдвига его направления и скорости, что в ощем случае неблагоприятно сказывается на идентичности измеряемых характеристик водного аэрозоля.

Измерение фазовых составляющих водности облаков

Измерениям водности фазовых компонент холодных облаков (ХО) принадлежит принципиально ведущая роль во многих и в частности в нижеописанных исследованиях, поэтому остановимся на них достаточно подробно.

В основу принципа действия обоих измерителей, ИВО-П и ИВО-Ж, положен метод непрерывной регистрации затрат мощности электрического тока на испарение водного аэрозоля, инерционно осаждающегося из воздушного потока на горячий коллектор [17,34]. Последний представляет собой термочувствительный элемент (ТЧЭ), автоматически подогреваемый до заданной постоянной температуры ($70 \div 100^{o}C$). Составляющая мощности конвективной теплоотдачи ТЧЭ-коллектора автоматически вычитается из полной мощности его подогрева с использованием опорного ТЧЭ, свободного от осаждения воды. Такое принципиальное решение позволило получить уникально высокую чувствительность прибора и возможность полного расчета его градуировочной характеристики по простейшей формуле:

$$w = \frac{V^2}{RSuL},\tag{3.1}$$

где w – так называемая приборная водность, соответствующая фактически испаряющемуся с коллектора потоку осаждающейся воды, V – выходное напряжение прибора, снимаемое с выводов ТЧЭ-коллектора, S – площадь миделя коллектора, u – скорость потока (воздушная скорость самолета), L – эффективная, с учетом подогрева на коллекторе, удельная теплота испарения воды в данном фазовом состоянии при данной температуре. В случае чисто водяного облака в расчетах по (3.1) принимается усредненное значение $L = 2580$ Дж·г$^{-1}$ с вносимой погрешностью не более 3%.

11

Приборы ИВО-Ж и ИВО-П различаются между собой только конфигурациями горячих коллекторов-испарителей облачных частиц. Обтекаемая цилиндрическая форма приемной поверхности ИВО-Ж не препятствует испарению жидкой фазы, но способствует уносу потоком ледяных частиц практически без их испарения. Коллектор ИВО-П имеет конически углубленную приемную поверхность, испаряющую осевшие частицы любого состояния. Все ТЧЭ обоих приборов конструктивно объединены на общем флюгирующем основании (рис.3.2) для улучшения стабильности характеристик теплоотдачи при манёврах самолёта.

Рис.3.1. *Флюгирующая измерительная головка выносной (датчик) ИВО. Обозначены горячие чувствительные элементы LWC – коллектор жидкой водности, TWC – углубленный коллектор полной водности. По [34].*

Максимальная измеряемая водность зависит от рабочей температуры приемной поверхности коллектора, определяющей полноту испарения осевшей воды. При температуре 90°С она составляет около 2 г·м$^{-3}$ для ИВО-П и 4 г·м$^{-3}$ для ИВО-Ж. Реальная чувствительность обоих приборов по отношению к жидкой воде, определенная по дрейфу нулевого выхода, для типичных условий горизонтального полета составляет не хуже 3 мг·м$^{-3}$, а в спокойных облаках среднего и верхнего ярусов может достигать значений ниже 1 мг·м$^{-3}$.

Оценка остаточного влияния ледяной фазы на горячий коллектор ИВО-Ж приобретает принципиальное значение, ибо от него зависит достоверность обнаружения относительно малых долей жидкой воды в полной водности по показаниям ИВО-П. В решении этой задачи мы пошли по самому простому и надёжному пути. Просмотр записей ИВО, полученных в самых различных облачных ситуациях в полётах 1976 – 91 гг., выявил достаточное число различной длительности облачных участков, где при $W_T > 0$ имело место $W_L = 0$, где W_T и W_L – приборные значения полной и жидкой водности соответственно. Это наблюдение формально соответствует отсутствию указанного эффекта. Однако с учётом дрейфа "нулевого" выхода ИВО-Ж, равного ΔW_L, реальное значение δ_L может быть определено как минимальное из полученных значений отношение $\Delta W_L / W_T$. В итоге нами получена практически сильно завышенная оценка $\delta_L < 0{,}03$.

Измерения водности в холодных и, в частности, смешанных облаках имеют определённые особенности, к которым вернёмся в процессе комплексного анализа результатов совместных измерений приборами СОМК.

Измерение оптической плотности облаков

Измеритель прозрачности РП-73 разработки ЦАО построен по принципу трансмиссиометра и осуществляет измерение ослабления узконаправленного коллимированного светового потока, прошедшего путь x в исследуемой среде. Значение показателя ослабления света, или коэффициента экстинкции E определяется по закону Бугера с помощью выражения

$$E = \frac{1}{x}\ln\frac{1}{T},$$
(3.2)

где $T = \Phi/\Phi_0$ – коэффициент пропускания слоя среды, Φ и Φ_0 – величины измеряемого выходящего потока в данной и абсолютно прозрачной среде соответственно.

Особенности трансмиссометрических измерений в облаках связаны с дисперсностью среды, в которой ослабление направленного потока определяется рассеянием света на частицах. В общем случае физический (согласно определению) коэффициент экстинкции облака связан с его двухфазной микроструктурой соотношением

$$E = E_{liq} + E_{ice} = \int_0^\infty \frac{\pi d^2}{2}k(\frac{\pi d}{\lambda})n_{dr}(d)\delta d + \int_0^\infty \frac{\pi a^2}{2}k(\frac{\pi a}{\lambda})n_{cr}(a)\delta a.$$
(3.3)

Здесь d – диаметр капли, a – эффективный диаметр кристалла, определяемый как диаметр круга, равновеликого с усредненным по ориентациям оптическим сечением кристалла [46], $n_{dr}(d)$ и $n_{cr}(a)$ – функции распределения частиц по размерам, λ – длина волны излучения, k – фактор эффективности рассеяния. В реальном приборе часть рассеянного вперёд света неизбежно попадает в апертуру приемника, что равносильно снижению "приборных" значений коэффициентов k от 2 до 1 при увеличении размеров облачных частиц от единиц до сотен микрометров. Результаты расчёта эффекта рассеяния использовались для введения поправок в комплексном анализе экспериментальных данных.

С оптической базой 2×8 м, реализованной на самлёте Ил-18, практический диапазон измерений величины E без поправок составляет от 2 до 200 км$^{-1}$ с погрешностью до 20% на краях диапазона и 10% на его большей части.

В данном исследовании определение параметра E не было самоцелью, но получило весьма серьёзное методическое значение в приложениях комплексного анализа данных.

Определение фазового состояния и размеров частиц

Входящие в состав СОМК приборы ИРЧ и АФСО основаны на разных по принципу действия фотоэлектрических методах и выполняют несколько функций.

Спектрометр крупных частиц ИРЧ [17] служит для измерения размеров частиц любой формы с размерами от 150 до 6000 мкм при приемной площади счетного объема 7 см^2. Прибор построен по теневой оптико-электронной схеме с формированием рабочего светового потока между двумя узкими (шириной $100 \div 120$ мкм) оптическими щелями. Непрерывная регистрация спектра размеров и концентраций частиц производится с помощью 12-канального импульсного амплитудного анализатора (ИАА) интегрального типа с выходом на аналоговые преобразователи частоты в каждом канале. Принцип измерительного преобразования допускает простейший расчёт градуировочной характеристики для любой расстановки размерных порогов ИАА.

Анализатор фазового состояния и спектрометр облачных частиц АФСО основан на принципе амплитудного и поляризационного анализа световых импульсов, рассеянных индивидуальными частицами под 90° из поляризованного в плоскости рассеяния коллимированного светового пучка. Приёмник исходной s-компоненты соединен с 5-канальным ИАА, а деполяризованной ортогональной p-компоненты – с одиночным импульсным счетчиком. Оба приёмника настроены на одинаковую световую пороговую чувствительность. Вследствие различия индикатрис рассеяния поляризованных компонент каплями и кристаллами, в реальном (с ненулевыми угловыми апертурами) приборе, p-приёмник значительно менее чувствителен к размерам сферических капель, чем s-приёмник, в то время как оба практически одинаково реагируют на поток ледяных кристаллов. Градуировка s-приёмника по размерам капель производилась по экспериментально-расчетной методике с использованием генератора монодисперсных водяных капель. Расчёты относительных градуировочных зависимостей для капель воды и "привязывались" к экспериментальным точкам. Такая методика позволила установить заданные значения размерных порогов ИАА.

Метод светорассеяния в принципе применим к измерению спектра размеров кристаллов безотносительно к их форме и при условии хаотической ориентации, если выражать их размеры в эквивалентных диаметрах среднего по всем ориентациям оптического сечения и их выборка достаточно статистически обеспечена [26]. Из сравнения экспериментальных данных об индикатрисе рассеяния ледяных кристаллов [4] и расчётной для капель воды последовал вывод, что амплитудный отклик от кристалла с эквивалентным диаметром a равен отклику от капли диаметром $d = 1,5a$ с расчётной точностью не хуже 25%. В таблице 3.1 приводятся установленные при градуировке значения размерных порогов ИАА АФСО. Для счетного канала p-приемника соответствующее значение d_p определено в натурных лётных сравнениях показаний счетных каналов в теплой мороси, а a_p – в облачных зонах, состоящих только из ледяных частиц по показаниям ИВО.

Эффективная приемная площадь счетного объема АФСО составила 16 мм^2. Каждый i-й счетный канал (i = 1, 2, ..., p) в результате стандартной обработки его выходной частоты счета частиц выдаёт суммарную концентрацию N_i капель и кристаллов по (3.4), размеры которых превосходят установленные для этого канала пороговые значения (табл. 3.1):

$$N_i = N_{dr}(d_i) + N_{crys}(a_i) .\tag{3.4.}$$

Таблица 3.1. Размерные пороги (мкм) счетных каналов АФСО

№ канала, i	1	2	3	4	5	p
Капли, d_i	30	50	80	120	180	$90 \div 100$
Кристаллы, a_i	20	33	53	80	120	$20 \div 25$

Таким образом, АФСО в общем случае регистрирует смешанный спектр размеров частиц в различающихся размерных шкалах для разных дисперсных фаз и позволяет строго измерять спектры размеров либо только капель в заведомо чисто водяных облаках, либо только кристаллов при отсутствии капель переохлажденной воды с $d > 30$ мкм. Способ разделения концентрации капель и кристаллов в смешанном облаке основан на специальном анализе выходных данных АФСО. В нашем конкретном случае из цифр табл. 3.4 и формулы (3.5) с учетом $N_i \geq N_{i+1}$ следует, что разность

$$N^* = N_p - N_3 \leq N_{crys}(20мкм) - N_{crys}(53мкм)\tag{3.5}$$

представляет собой гарантированную минимальную оценку истинной концентрации кристаллов с размерами от ~20 мкм до ~50 мкм. Соответственно, раз-

15

ность $N_1 - N^*$ дает несколько завышенную концентрацию капель, размеры которых превосходят минимальный регистрируемый прибором.

3.2. Дополнительные методические возможности СОМК

Совместное использование синхронных данных приборов СОМК позволяет оценить дополнительные микрофизические параметры, не охватываемые прямыми измерениями. Так, отсутствие прямых измерений спектров размеров водяных облаках компенсируется возможностью удобной и оперативной оценки эффективного диаметра полного спектра [17,18] по формуле:

$$d_{eff} \equiv d_{23} = \frac{d_3^3}{d_2^2} = 3\frac{W_{liq}}{\rho L_{liq}}, \qquad (3.6)$$

где d_k – момент распределения капель k-го порядка, d_{23} – смешанный момент, ρ – плотность воды. Величина d_{eff}, близкая к объёмно-модальному (вносящему максимальный вклад в водность облака) размеру капель, используется в качестве параметра коррекции измеренных значений водности и коэффициента экстинкции капельных облаков на размеры частиц. В смешанных облаках прибор РП измеряет сумму коэффициентов экстинкции $E = E_{liq} + E_{ice}$, и по результатам синхронных измерений интегральных параметров E и W_{liq} определяется полезная в некоторых случаях минимальная оценка D величины d_{eff}:

$$D = 3\frac{W_{liq}}{\rho E} \leq 3\frac{W_{liq}}{\rho E_{liq}} = d_{eff}. \qquad (3.7)$$

В цлях повышения чувствительности и надежности определения фазового состава облака получении и анализе комплексных экспериментальных данных использовалось дублирование и сравнения показной разных приборов.

3. 2. Типы фазово-дисперсной структуры холодных облаков

С помощью аппаратуры СОМК в вышеописанном составе выполнен комплекс натурных измерений облачных характеристик с борта самолёта Ил-18. Исследования 1087–88-х годов охватили свыше 350 пересечений облаков слоистых форм на высотах до 10 км с температурами от 0°С до −55°С. Суммарная протяженность пересечений облаков составила около 20.000 км за 49 полетных дней. Полученные результаты положены в основу настоящего исследования.

Главное, что бросалось в глаза в показаниях приборов СОМК в полёте и ещё отчётливее на визуальных записях – это то, что при пересечениях облаков, содержащих ледяную фазу по показаниям ИВО и по визуальным признакам, приборы ИВО-Ж и АФСО практически неизменно обнаруживал жидкую фазу. И наоборот, в плотных облаках, сопровождающихся обледенением самолёта и по своему внешнему виду принимаемых за чисто жидкокапельные, полная водность по данным ИВО-П чаще всего заметно превосходила её жидкий компонент.

Таким путём выяснилось, что подавляющая часть облачной среды при $T < 0^{\circ}C$ содержит одновременно обе, ледяную и жидкую, дисперсные фазы независимо от идентификации по визуальным признакам их фазового состояния в момент наблюдения. Может показаться особенно странным, что этим свойством обладают и те облака, которые традиционно принято считать чисто ледяными. В наших измерениях жидкая фракция обнаруживалась даже в перистых облаках при температурах ниже $-40^{\circ}C$, вплоть до самой низкой достигнутой температуры $-55^{\circ}C$. При этом в "ледяных" по виду, просвечивающих облаках доля измеренного жидкого компонента в полной водности составила в среднем около 40% и местами достигала почти 100%, как правило, испытывая значительные, в пределах десятков процентов, колебания внутри одного облака. Показания прибора АФСО и расчёт по (3.7) обнаруживали присутствие в льдосодержащих облаках сферических частиц с размерами свыше $50 \div 100$ мкм, т.е. аномально крупных в сравнении с чисто водяными (тёплыми и переохлаждёнными) облаками.

В сущности, эти результаты не противоречат многократно описанным в литературе наблюдениям, попросту лишенным систематичности и должного внимания. Показательно, что в этих наблюдениях значительно преобладают именно "аномальные" результаты. Отсюда вытекает, что по отношению к ним, как и к нашим данным, отпадают гипоте объяснения, предназначенные для случайных и локальных исключений.

Итак, согласно инструментальным наблюдениям, по крайней мере подавляющая часть ХО относится к смешанным. Смешанные облака обнаруживают явно выраженную дискретность в общем характере дисперсности обеих фаз, что позволяет разбить их на отдельные типы. По чисто инструментальным формальным критериям легко выделяются 5 основных типов фазово-дисперсной структуры ХО, в том числе 3 типа только смешанной структуры. Предложенное нами деление ХО на структурные типы отображено в таблице 3.2 вместе с указанием их основных отличительных признаков. Здесь d и a — характерные размеры соответственно капель и кристаллов.

Таблица 3.2. Отличительные признаки типов структур ХО

Тип структуры	Фаза	Жидкая	Ледяная
Водяная	**Ж**	$d < 30$ мкм	Не обнаружена
Смешанная 1 типа	**С1**	$d < 30$ мкм	$a < 20$ мкм
Смешанная 2 типа	**С2**	$d > 30$ мкм	$a > 200$ мкм
Смешанная 3 типа	**С3**	$d > 30$ мкм	$a > 200$ мкм
Ледяная	**Л**	Не обнаружена.	$a > 200$ мкм

К группе С1 мы отнесли такие облака, которые по внешним признакам и свойствам (высокая оптическая плотность, характер обледенения и др.) не отличаются от чисто водяных, но согласно измерениям с помощью приборов СОМК фактически содержат мелкие ледяные частицы с размерами не более $20 \div 30$ мкм в концентрациях, сравнимых с концентрациями капель [19,20]. Остальную, подавляющую часть ХО составляют льдосодержащие облака (ЛСО), со всей очевидностью содержащие ледяные частицы, т.е. смешанные и ледяные в обычном представлении. В них максимальные эффективные размеры ледяных частиц превышают 200 мкм, что на практике благоприятствует идентификации ледяной фазы, а размеры жидких капель достигают десятков и сотен микрометров, в среднем на порядок превосходя типичные размеры капель водяных (тёплых) облаков. Смешанные ЛСО в свою очередь разделены на структурные типы С2 и С3 по признакам наличия инструментально обнаружимой мелкодисперсной фракции частиц с размерами менее $20 \div 30$ мкм в С2 или её отсутствия в С3.

На рис.3.2 приведены сглаженные кривые относительной повторяемости выделенных типов структуры ХО в зависимости от локальной температуры облака по нашим многолетним данным. Показательно, что простое повышение чувствительности объективного распознавания облачных фазовых компонент привело к результатам, радикально отличающимся от прежних представлений, отображенных на рис.2.1. На диаграмме рис.3.2 можно видеть, что во всём диапазоне температуры от -55°С до -1°С подавляющая доля облачной среды имеет смешанный фазовый состав. Вдобавок, реально ограниченная чувствительность распознавания чисто водяной (Ж) и чисто ледяной (Л) структур позволяет утверждать, что их без того ничтожные повторяемости заведомо неопределенно завышены. Это обстоятельство важно тем, что служит одним из ключевых в понимании процессов фазовой эволюции ХО.

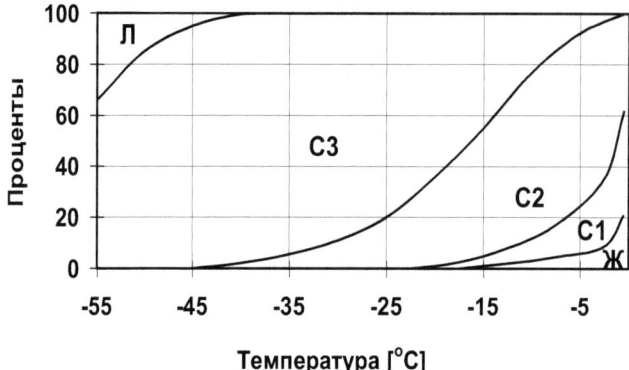

Рис.3.2. Температурная диаграмма относительной повторяемости типов структуры ХО по приборным данным

На диаграмме рис.3.2 не показана промежуточная структура между С1 и С2, где максимальные размеры ледяных кристаллов заключены между 20 мкм и 200 мкм, поскольку она занимает всего лишь около 0,7% облачного объёма при температурах выше –25°С. В свою очередь, структуры С2 и С3, как правило, различались на записи настолько чётко, что случаи неопределённой границы между ними также не оказали существенного влияния на качественную сторону результата в целом. Заметим, что смежные типы структур по рис.3.2 часто перемежаются в одном и том же облаке.

В попытках объяснения устойчивого сосуществования обеих, ледяной и жидкой, дисперсных фаз в одном облаке выдвинуто множество умозрительных и малоубедительных версий, таких как их пространственная обособленность, поддержание пересыщения пара над водой за счёт восходящих движений, модернизация свойств облачной воды растворимыми примесями и другие. Между тем, странный характер полученных нами, и не только, данных, включая аномально большие размеры жидких капель вопреки действию механизма Бержерона – Финдайзена, наводит на мысль об особых свойствах жидкой дисперсной фазы в ЛСО.

Если исключить весьма маловероятную случайность, то во всём вышеизложенном легко увидеть полный набор признаков конденсационного равновесия между жидкой и ледяной дисперсными фазами. Параллельные измерения влажности с помощью конденсационного гигрометра в конкретных исследованных ЛСО [9] показали, что это равновесие имеет место при насыщении пара надо льдом и недосыщении над водой.

3.3. Жидкая капельная вода в льдосодержащих облаках

Всё сказанное наводит на мысль о том, что жидкокапельная фракция в ЛСО представлена не переохлаждённой обычной водой, как это принято считать, а некой полиморфной модификацией (формой) H_2O, отличающейся по своим свойствам от обычной воды. В подтверждение версии её особых свойств были предприняты экспериментальные количественные оценки её основных физических характеристик. Для этой цели использованы расширенные функциональные возможности аппаратуры СОМК, позволившие выполнить сравнение непосредственно измеренных и рассчитанных по данным АФСО синхронных значений интегральных облачных параметров – водности W и оптического показателя ослабления E. Подчеркнём, что приборы в составе СОМК отградуированы применительно к характеристикам обычной жидкой воды – коэффициента преломления $n = 1,33$ для прибора АФСО, плотности $\rho = 1,0$ г см$^{-3}$ и теплоты испарения $L \sim 2580$ Дж·г$^{-1}$ для измерителей водности ИВО-Ж и ИВО-П. Важно отметить, что многолетний опыт измерений и контрольных сравнений ИВО на самолёте и в аэродинамических трубах доказал разумную адекватность их показаний в тёплых, т.е. чисто водяных облаках.

Что касается АФСО, то рассчитанные по его показаниям значения водности жидко-водяного облака оказывались резко заниженными по очевидной причине несовпадения спектров размеров капель с диапазоном их измерений. Между тем, в облаках смешанных структур С2 и особенно С3 нередко наблюдались прямо противоположные ситуации, когда расчётные значения интегральных параметров превосходили измеренные. При этом их соотношение колебалось от случая к случаю в широких пределах, но с чётко ограниченным повторяющимся максимумом – для коэффициента экстинкции E до ~ 7 раз, а для жидкой составляющей водности до ~ 40 раз. Такое расхождение результатов по знаку и величине определённо не могло быть следствием методических или инструментальных погрешностей и промахов. Единственная очевидная причина заключается в зависимости градуировочных характеристик приборов, прежде всего АФСО, от свойств вещества капель.

Напрашивается вывод, что совместные показания приборов, основанных на разных физических принципах измерений, обнаруживают присутствие в ЛСО неизвестной жидкокапельной субстанции, по всем соображениям принадлежащей к химическому соединению H_2O, но отличающейся по своим свойствам от обычной жидкой воды. По причинам, рассмотренным ниже (раздел.4), эта субстанция определена как жидкая аморфная вода. Далее по тексту она фи-

20

гурирует под сокращённым обозначением **"А-вода"**. Аналогично, обычную жидкую воду условимся называть "**вода-1**".

В работах [12,35] выполнен доскональный расчёт основных физических характеристик А-воды при –30°С по данным измерений приборами СОМК в облаках структуры С3. Алгоритм расчёта включал в себя отбор пригодных для анализа ситуаций, где вклад ледяной фракции в интегральные параметры облака был достаточно мал сравнению с жидкой фракцией. Далее для каждой из полученных 11 выборок определялась расчётная градуировочная зависимость выхода АФСО для такого значения показателя преломления n вещества капель, при котором обеспечивается соответствие пересчитанных значений коэффициента экстинкции E синхронным данным прибора РП. Разброс промежуточных и конечных результатов, связанный с имевшим место несовершенством многошаговых расчётов имеющимися в наличии примитивными вычислительными средствами, вынудил ограничиться предварительной грубой оценкой $n = \sim 1{,}8 \div 1{,}9$.

Недавно [14-16,35] представилась уникальная возможность уточнить значение параметра n по результатам количественного анализа такого красочного и по сей день загадочного атмосферного явления, как глория на освещённых Солнцем облаках.

3.4. Свидетельствует глория

Оптическое явление, именуемое глорией, представляет собой слабо светящееся радужное кольцо вокруг противосолнечной тени наблюдателя на границе облака или тумана. Общепризнано как аксиома, что глория представляет собой оптический эффект обратного рассеяния света сферическими частицами, а именно облачными каплями, Разногласия возникают только в вопросе о физике её происхождении. В итоге содержащаяся в этом явлении информация о микрофизическом строении облака все еще далека от полного понимания и остается не востребованной в задачах облачного мониторинга.

В этом плане заслуживает особого внимания тот факт, что вопреки априорной установке, глория типично наблюдается на облаках и туманах с температурами верхней границы ниже 0°С, и даже на особо низкотемпературных облаках верхнего яруса (перистых), считающихся чисто ледяными.

Неотъемлемым базовым элементом глории служит кольцо, составленное из цветных поясов, плавно переходящих друг в друга. Его геометрический центр расположен на теневой проекции точки наблюдения и окружен туманным ореолом. Радиальная последовательность цветов в глории такая же, как и в известной дождевой радуге, т.е. имеет красную внешнюю кромку. Иногда (но далеко не всегда) базовое кольцо глории бывает окружено значительно более слабыми кольцами в количестве от одного и очень редко до трёх, окрашенными подобно основному и значительно уступающему ему в последовательно убывающей яркости..

В эмпирических данных, полученных с борта самолёта [14,15] угловой радиус самого яркого, жёлтого пояса глории, именуемого далее углом глории, варьирровал в пределах от $1,6^o$ до $3,8^o$. Такие характеристики глории, как видимый размер, яркость и цветовой контраст имеют общую тенденцию усиления с повышением прозрачности облака. И наоборот, самая мелкая, обычно довольно тусклая и часто еле заметная глория обычно возникает в оптически плотных облаках.

За неимением (точнее, незнанием) альтернативы, известные попытки физической интерпретации явления глории, охарактеризованные в [16], относились к облакам обычной воды-1, обладающей показателем преломления $n = 1,33$. Эти объяснения основывались не на натурных наблюдениях, а на абстрактных представлениях о свойствах глории и облаков, вытекающих из ошибочного истолкования остатков усечённого знакопеременного и слабо сходящегося ряда Ми (Mie) в расчётных результатах. Заявленные в [24] механизмы формирования глории до сих пор остаются гипотезами.

Приводимый ниже анализ явления всецело опирается на его вышеперечисленные особенности. В расчётах светорассеяния по теории Ми использовалась интерактивная вычислительная программа А. Г. Петрушина (личный контакт) , в которой остатки ряда сводятся практически к нулю за счёт автоматического выбора оптимального числа членов ряда в каждой индивидуальной расчётной точке индикатрисы рассеяния (длина волны λ, показатель преломления n, размер капли d, угол рассеяния φ). Эта отличительная особенность программы обеспечивает достаточно высокую адекватность расчётов. Программа успешно работает с монодисперсными частицами (каплями воды) вплоть до $150 \div 160$ мкм в диаметре, не требуя искусственного осреднения данных для сглаживания паразитных гармонических накладок на расчётных индикатрисах рассеяния [16]..

Тогда как теория Ми строго учитывает все действующие факторы формирования индикатрисы рассеяния, более простая теория, основанная на законах геометрической оптики преломления и отражения световых лучей, обнаруживает только наличие и угловое положение пиков индикатрисы, именуемых в оптической науке радугами. Каждый пик образуется в результате схождения лучей, выходящих из сферы после k отражений от внутренней сферической поверхности. Угловое положение лучей, формирующих пик k-го порядка (т.е. испытавших k отражений) описывается формулой

$$\gamma^{(k)}(n) = k\pi + 2\arcsin\frac{A}{n} - 2(k+1)\arcsin A , \qquad (3.8)$$

где
$$A = \sqrt{\frac{(k+1)^2 - n^2}{(k+1)^2 - 1}} . \qquad (3.8')$$

Эти лучи покидают частицу под углом рассеяния $\beta^{(k)} = |\gamma^{(k)} - 2\pi j|$, где $j \geq 0$ – целое число, обеспечивающее условие $0 < \beta^{(k)} < \pi$. Угловой радиус пика обратного рассеяния из точки его наблюдения равен $\varphi^{(k)} = \pi - \beta^{(k)} < \pi/2$.

На рис.3.3 показаны рассчитанные по (3.8) углы $\varphi^{(k)}$ пиков обратного рассеяния от 1-го до 7-го порядка в зависимости от показателя преломления n рассеивающих сфер. Для каждого значения n базовое кольцо радуги соответствует пику 1-го порядка. Можно убедиться, что при $n \approx 1,33$ число и область угловых размеров радуг различных порядков (1, 2, 5, 6) соответствуют самой полной, по различным наблюдениям, картине природной дождевой радуги с видимым радиальным углом базового (с $k = 1$) полукольца около 42 градусов. С увеличением значения n угловой размер радуги 1-го порядка уменьшается и достигает области размеров природной глории при $n > 1,8$. Логично заключить, что явление глории физически представляет собой не что иное, как радугу 1-го порядка на сферических частицах (каплях) с показателем преломления, близким к 1,8.

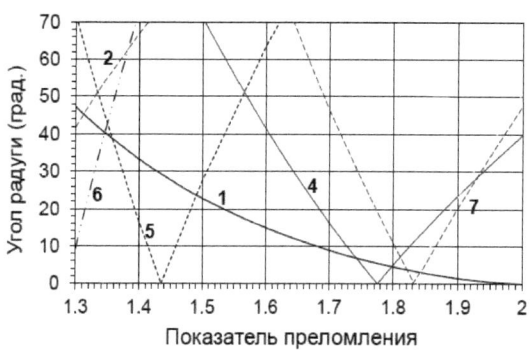

Рис. 3.3. *Углы радуг различных порядков (цифры у кривых) в зависимости от показателя преломления рассеивающих сфер, рассчитанные по (3.8). Длина волны 0,58 мкм (жёлтый свет).*

23

Однако чисто геометрическое описание оптики явления не учитывает влияния кривизны оптических поверхностей, т.е. размеров капель, на угловые размеры радуг за счет сдвига фаз в формирующих лучах. Зато строгая теория Ми обеспечивает полную информацию об относительной интенсивности, угловом профиле и поляризации элементарной радуги. В частности, она устанавливает, что угловые положения вершин (пиков) радуг смещаются от показанных на рис.3.3 тем сильнее, чем выше порядок радуги и меньше размеры частиц. При этом интенсивность рассеяния спадает настолько быстро, что радуга становится практически невидимой уже при $k = 4$.

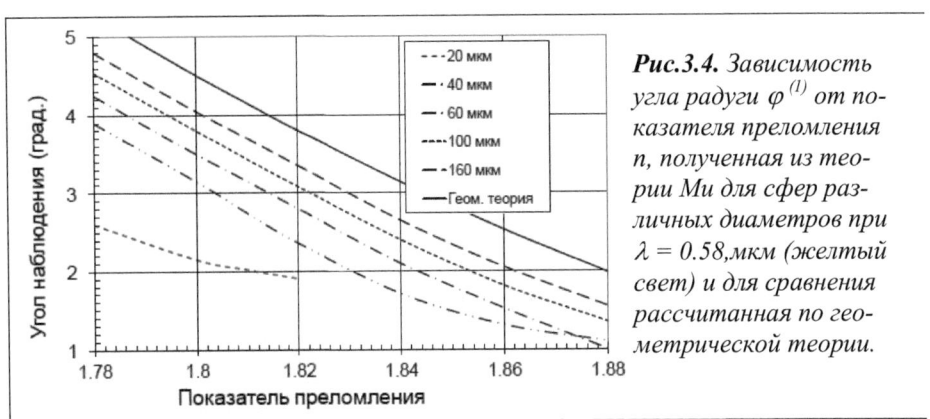

Рис.3.4. *Зависимость угла радуги $\varphi^{(1)}$ от показателя преломления n, полученная из теории Ми для сфер различных диаметров при $\lambda = 0.58$ мкм (желтый свет) и для сравнения рассчитанная по геометрической теории.*

На рис.3.4 представлены результаты расчёта по формулам Ми углового положения максимума радуги 1-го порядка в зависимости от показателя преломления и диаметра рассеивающих сфер. Приведенная на том же графике расчётная "геометрическая" зависимость служит, по всей видимости, асимптотическим пределом углового размера глории. В предположении, что наибольший выявленный размер 3,8° относится к каплям с размерами не менее 100 мкм (что вполне реально для ЛСО типа С3), значение показателя ослабления А-воды с помощью графика на рис.3.4 может быть оценено пределами 1,80 ÷ 1,82.

Несколько уточнить эту оценку позволяет приведенное на рис.3.5 сопоставление эмпирических и расчётных пределов угловых размеров пиков глории в зависимости от размеров частиц с учётом их возможных независимых вариаций в зависимости от температуры. Наилучшее соответствие этих данных получено при $n = 1,81$. Очевидно, что это надёжное значение коэффициента преломления представляет собой один из фундаментальных физических параметров А-воды, в данном случае при –30°C.

24

Таким образом, явление радуги на холодных льдосодержащих облаках наглядно подтверждает факт существования в них сферических частиц, определённо капель жидкой воды, отличающейся по свойствам от переохлаждённой обычной воды-1. Несложный анализ этого естественного явления позволил определить с приемлемой достоверностью один из фундаментальных физических параметров данной модификации H$_2$O – величину показателя преломления, равную 1,81 при –30°С. Очевидно, что при любой линейной зависимости величины n от температуры значение n = 1,81 можно рассматривать в качестве среднего для области реальных тропосферных температур. Полученная оценка значения показателя преломления открывает возможность оценить некоторые другие физические характеристики А-воды (Раздел 3.5).

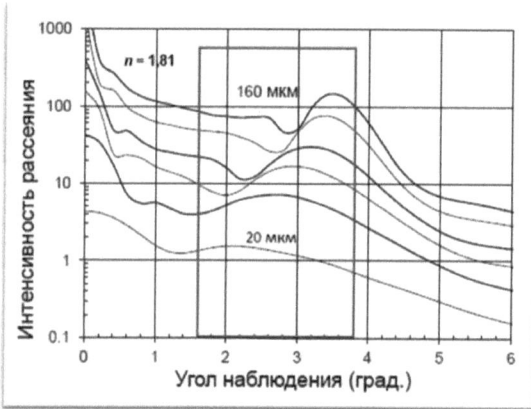

Рис.3.5. *Угловое распределение в глории - радуге интенсивности рассеяния света с λ=0,58 мкм в зависимости от размеров сферических частиц с n=1,81. Кривые на диаграмме относятся к диаметрам частиц (снизу вверх): 20, 40, 60, 80, 120, 160 мкм. Выделена область углов наблюдения глории.*

В довершение текущего раздела, на рис.3.6 приведены рассчитанные по теории Ми индикатрисы рассеяния в полный телесный угол 4π для капель обычной и А-воды существенно различающихся размеров. Легко видеть, что формы индикатрис довольно слабо зависят от размера капель, но обнаруживает значительное несходство в задней полусфере, которое может быть использовано для дистанционной визуальной идентификации фазового состояния жидкой дисперсной фазы в освещённом солнцем облаке. Признаком присутствия обычной воды-1 служит большое, с угловым радиусом около 42°, как правило неокрашенное кольцо с центром в тени наблюдателя, известное как белая радуга. На присутствие А-воды однозначно указывает явление глории.

Известные ограничения в определении фазового состава облака связаны с тем фактом, что оба оптические явления формируются в его приграничном слое с оптической толщиной не более единицы, где влияние рассеяния направленного излучения ещё сравнительно невелико. В этой связи отметим, что наблюдение с самолёта одновременно обоих явлений вовсе не обязательно означает содержание обеих фаз в одном облаке. Встречались ситуации, когда глория образуется в просвечивающем слое 'кристаллического" облака или осадков между самолётом и верхней границей плотного водяного (тёплого) облака Последний в свою очередь порождает белую радугу, видимую сквозь тот же прозрачный слой.

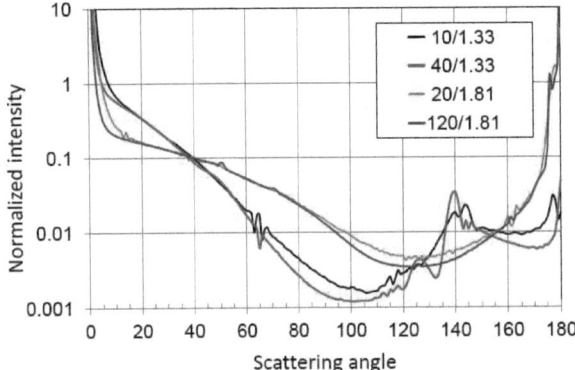

Рис.3.6. *Полные индикатрисы рассеяния, рассчитанные по теории Ми для сфер различных диаметров с коэффициентами преломления 1,33 и 1,81. Их различие позволяет идентифицировать фазовое состояние облака. Формат легенды: **d (мкм) / n***

3.5. Фундаментальные физические характеристики А-воды

Полученная оценка значения показателя преломления А-воды открывает возможность оценить ряд других её физических характеристик.

Воспользуемся готовой формулой Лоренц–Лорентца [27] для связи плотности ρ с показателем преломления n в желтом свете применительно к любому фазовому состоянию вещества H_2O:

$$\rho = \frac{1}{p_\lambda} \frac{n^2 - 1}{n^2 + 2}, \qquad (3.9)$$

где p_λ – удельная рефракция, инвариантная молекулярная характеристика вещества, равная 0.206 см³/г для воды. Формула (3.9) даёт $\rho_W = 1,0$ г·см⁻³ для $n = 1,33$ (вода-1) и $\rho_A = 2,1$ г·см⁻³ для $n = 1,81$ (А-вода).

Удельная теплота испарения А-воды, L_A, оценена путём сравнения результатов измерения жидкой водности, W_L, по стандартной методике, т.е. через зависимость (3.1) при $\rho = 1,0$ г·см⁻³, с результатами расчета по синхронными показаниям АфСО при $\rho = 2{,}1$ г·см$^{-3}$. Представив расчётную величину W_L в форме (3.1) с искомым значением L_A, легко получаем:

$$L_A = (W_{изм} / W_{расч})\, L_W, \qquad (3.10)$$

Значение $L_A \sim 550$ кал·г$^{-1}$, полученное в [11], представляет собой результат осреднения расчётных данных по 11 выборкам со стандартным разбросом 20%. Это значение приблизительно в 5 раз меньше, чем у воды-1 при той же температуре -30°С.

Вновь обнаруженные новые свойства жидкой воды требуют корректировки показаний приборов, "настроенных" на воду-1, применительно к ЛСО. Для перехода от градуировочной зависимости АФСО для воды-1 к зависимости для А-воды замечаем, что отношение $R = W_{расч} / W_{изм}$ принимает наибольшее значение, когда весь спектр размеров капель укладывается в диапазон измерений АФСО, т.е. расчёт жидкой водности по приборным данным наиболее достоверен. В наших выборках это отношение составило от 37 до 43. Отнесём такой разброс к погрешностям расчёта и примем $R = 40$. Из очевидного равенства

$$R = \frac{\rho_A d_A^3}{\rho d^3}, \qquad (3.11)$$

где величины в знаменателе относятся к воде-1, находим $d_A/d = \sqrt[3]{R} = 2{,}67$, что практически совпадает с полученным в [11,12,35] значением $R = 2{,}6$. В таблице 3.3 приведены пересчитанные по этим данным размерные пороги дискриминации счётных каналов АФСО.

Таблица 3.3. Размерные пороги (мкм) ИАА АФСО для А-воды

№ канала, i	1	2	3	4	5	p
Капли А-воды, d_i	12	19	31	46	69	$35 \div 40$
Кристаллы, a_i	20	33	53	80	120	$20 \div 25$

Также нуждаются в коррекции на свойства А-воды результаты определения фазовых составляющих водности с помощью прибора ИВО. Поскольку капли А-воды в ЛСО в среднем намного крупнее, как показано ниже, и вдобавок плотнее, чем в облаках обычной воды-1, фактически отпадает необходимость в поправках на их неполный захват из встречного потока обоими коллекторами-испарителями. Расчётные формулы для истинных величин водности жидкой

27

воды-1 *(WL)* и А-воды *(WA)*, ледяной *(WI)* и полной *(WT)* водности принимают простейший вид:

$$WL = SL; \quad WA = \frac{\varepsilon L}{\varepsilon A} WL; \quad WI = \frac{\varepsilon L}{\varepsilon I} (ST - WL); \quad WT WA + WI. \quad (3.12)$$

Здесь *SL* и *ST* – приборные показания ИВО-Ж и ИВО-П соответственно, *εL, εA, εI* – значения удельной теплоты испарения воды в соответствующих фазах.

К "аномальным", с обыденной точки зрения, свойствам жидкокапельной фракции в ЛСО относятся также отмеченные выше особенности её поведения – устойчивое существование взвешенных в воздухе капель при отрицательных температурах, в том числе значительно ниже –40°C, и их широко температурное конденсационное равновесие с ледяной дисперсной фазой.

В таблице 3.4 приводится сводка полученных нами данных о физических характеристиках жидкокапельной воды в структурах C2 и C3. Все параметры, кроме последнего, соответствуют температуре –30°C.

Таблица 3.4. Физические параметрыи жидкокапельной воды в ЛСО

Характеристика	Значение
Плотность*	$2,1 \pm 0,1$ г·см$^{-3}$
Теплота испарения	550 Дж·г$^{-1}$ $\pm 20\%$
Теплота кристаллизации**	2290 Дж·г$^{-1}$ $\pm 5\%$
Коэффицент преломления	$1,81 \pm 0,025$
Парциальное давление насыщенного пара	То же, что и табличное для льда I

*Значение выведено из коэффициента преломления.

**Разность между теплотой испарения кристаллического льдаI и А-воды.

4. Метастабильные формы воды

Самое обычное и распространенное на Земле вещество с простой химической формулой H_2O, а именно вода во всех ее формах, издавна привлекает внимание исследователей самых различных направлений. Стремление внести ясность в проблемы физики облаков с отрицательными температурами, не поддающиеся строгому решению в рамках общепризнанных представлений в области физики воды, направило наше расследование в едва затронутую область физической химии воды, касающуюся существования и свойств её жидких полиморфных форм.

4.1. Полиморфизм и метастабильность в физике воды

По мере углубления наших знаний об этом, казалось бы, бесхитростном веществе обнаруживаются все новые, большей частью своеобразные и загадочные его свойства, природа которых ещё нуждается в понимании. Сегодня наименее исследованными остаются полиморфные, т.е. различающиеся по внутренней структуре и свойствам, формы воды, существующие в метастабильном состоянии при температурах ниже 0°С в нормальных условиях.

Метастабильным называется такое состояние вещества, которое, будучи потенциально неустойчивым, способно к неопределенно длительному существованию благодаря отсутствию внешнего воздействия, инициирующего процесс его самопроизвольного (спонтанного) перехода в более устойчивое состояние. Предметом нашего рассмотрения служат те полиморфные формы вещества H_2O – воды, чьи состояния при $T < 0°С$ являются метастабильными в отношении фазового перехода в кристаллический лёд. Самым простым "пусковым механизмом" этого спонтанного перехода служит контакт метастабильной воды с кристаллическим льдом или с гетерогенным (инородным) центром кристаллизации.

Известно, что вода как вещество склонна к полиморфизму в твердом состоянии, где образует свыше 10 форм кристаллического льда и отдельно форму аморфного льда. Хорошо известному природному льду с плотностью 0,92 г·см$^{-3}$ присвоено имя лёд-I; остальные кристаллические льды получены в лабораторных установках при сверхвысоких давлениях и обладают более высокой плотностью – до 1,6 г·см$^{-3}$. Но дальнейшая речь пойдёт не о них, а об особой форме жидкой воды – А-воды.

Науке известна не единственная полиморфная форма H_2O, имеющая жидкое или консистентное состояние при отрицательных температурах и при этом способная легко превращаться в кристаллический лёд-I. К таким формам относятся:

• Обычная жидкая вода с плотностью ~1 г·см$^{-3}$, для краткости именуемая здесь водой-1. Её жидкое состояние при $T < 0°С$ принято называть переохлажденной водой, хотя есть основание считать такое определение спорным;

• Консистентное (вязкое) состояние аморфного конденсата [22], или аморфного льда [3,8], или твёрдой аморфной воды [28]. Вопрос о структуре и свойствах этого, несомненно общего, фазового и агрегатного состояния H₂O еще не получил достаточной ясности и детально обсуждается в данной работе.

• А-вода, обладающая плотностью около 2,1 г·см$^{-3}$ и другими специфическими свойствами. Обнаружена в виде жидкокапельной фракции в природных льдосодержащих облаках и служит центральным объектом данного исследования.

В литературе упоминаются и другие жидкие формы воды, не подпадающие под принятое выше определение метастабильности. Это "незамерзающая" вода, содержащаяся в биологических тканях, а также "капиллярная" вода Дерягина [5] с плотностью около 1,4 г·см$^{-3}$, сохраняющая жидкое состояние до –90°C даже в контакте с кристаллическим льдом. Не исключено, что обе последние формы имеют общую природу.

4.2. Молекула воды и межмолекулярные связи

Необычные свойства вещества H₂O, включая ярко выраженный полиморфизм, связаны с особенностями строения его молекулы, составленной из уникальных по свойствам атомов водорода и кислорода [6]. Водород не только самый легкий из элементов периодической системы, но и единственный из них, который способен "внедряться" в электронную оболочку более тяжелого атома и присоединять к себе один из её электронов. Если при этом он соединен валентной (химической) связью с другим инородным атомом, то образует так называемую водородную связь между обоими атомами. В свою очередь, внешняя электронная оболочка атома кислорода (О-атома) имеет две "вакансии" для присоединения валентных электронов, а также содержит пару электронов, способных участвовать в водородных связях (рис.4.1,а).

В свободной молекуле воды каждый из двух атомов водорода, или протонов, соединен с атомом кислорода валентной связью, образованной "обобществлением" электрона из атома водорода. Угол между линиями связи протонов с ядром О-атома равен 104,6 градусов. Линии водородных связей каждой молекулы H₂O разделены тем же углом, что и линии валентных связей; биссектрисы обоих углов направлены в прямо противоположные стороны, а их плоскости развёрнуты на 90 градусов относительно друг друга (рис.4.1а). С протонами, "присоединенными" к данному О-атому, аналогично могут находиться в химической и водородной связи другие О-атомы,. Каждая линия O–H⋯O (точками обозначена водородная связь) упруго стремится быть прямой, но может и несколько изогнуться под воздействием сторонних факторов.

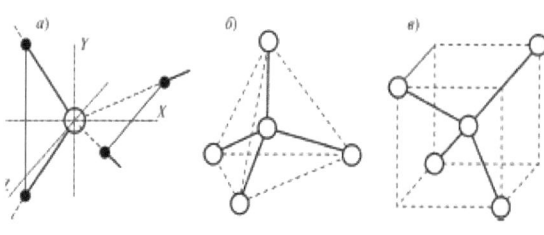

Рис.4.1: а) *Геометрия линий химических и водородных (пунктир) связей свободной молекулы воды.*

б), в) *Каждая молекула H_2O в кристаллическом льде связана с 4-мя соседними молекулами с помощью водородных связей (сплошные линии).*

Самой простой и наглядной выглядит межмолекулярная структура льда I (рис.4.1,б,в)]. В ней задействованы все четыре водородных связи на каждую молекулу, так что все молекулы оказываются жестко связанными между собой системой связей в виде регулярной пространственной решетки. В структуре обычного, так называемого гексагонального льда-I_h (названного так по конфигурации одной из проекций решетки) водородные связи изогнуты таким образом, что О-атомы, связанные с отдельной молекулой, составляют вершины правильного тетраэдра с углом между гранями 109°.(рис.4.1,б) Похожей структурой обладает кубический лёд-I_c (рис.4.1в) – малоустойчивая промежуточная фаза кристаллизации воды. Указанная величина молекулярного угла чётко выделяет воду из смежного гомологического ряда соединений – гидридов элементов 6-й группы периодической системы, где этот угол составляет от 92° для H_2S до 90° для H_2Se и H_2Te. Следствием такого отличия является тот факт, что способностью "конструировать" различные по сложности регулярные пространственные структуры с малыми изгибами водородных связей обладает только гидрид кислорода H_2O.

Структурным отличием жидкой воды-1 от кристаллического льда- I является хаотическая пространственно-временная незавершенность аналогичной системы связей. В каждый момент времени в ней присутствуют молекулы, охваченные всеми возможными, от нуля до четырёх, количествами водородных связей [45].. Такое статически неустойчивое строение воды-1 с непрерывно мигрирующими водородными связями придаёт ей свойство текучести, определяющее жидкое состояние. Структурно-чувствительный анализ обнаруживает сходство усредненного "ближнего порядка" структуры воды-1 с элементом решетки льда I_h по рис. 4.2,б [6,27]. Среди опубликованных сведений о свойствах

31

жидкой воды и водных растворов мы не нашли оснований для возможности столь глубокой и регулярной модификации свойств обычной воды какими-либо растворимыми примесями, тем более реальными атмосферными аэрозолями. Напрашивается единственно правдоподобный вывод о том, что вся совокупность "аномалий" в свойствах А-воды относятся к химическому веществу H_2O с иным, чем вода-1, внутренним строением, т.е. с альтернативным фазовым состоянием воды.

В поисках ответов на естественно возникающие вопросы пришлось столкнуться с тем обстоятельством, что современная наука о воде не располагает достоверными сведениями о существовании жидкой формы вещества H_2O, альтернативной по отношению к переохлаждённой обычной воде, если не считать несправедливо, на наш взгляд, непризнанной воды-II Дерягина [5]. Однако версия воды-II исключена нами из рассмотрения ввиду явного несоответствия её заявленных физико-химических свойств характеру фазокинетических процессов в ХО.

4.3. Свойства и природа А-воды

Рассмотрим место А-воды в фазовой иерархии и фазовых превращениях H_2O, основываясь на её внутренней структуре, специфических свойствах и особенностях поведения в естественных облаках, а также принимая во внимание известные положения физической химии строения вещества [23].

Обладая наиболее низкой энтальпией конденсации из конденсированных фаз воды, А-вода в силу второго начала термодинамики способна к адиабатическому зарождению только путем конденсации из пара. Если прибавить сюда установленное выше конденсационное равновесие А-воды с обычным кристаллическим льдом, то оба свойства, вместе взятые, служат ключевыми для понимания роли аморфной фазы в генезисе облачного льда.

Действительно, указанное равновесие означает идентичность внутренних структур свободной (капельной) А-воды и экспериментально обнаруженной "квазижидкой" пленки, обволакивающей поверхность ледяных кристаллических частиц и действительно проявляющей свойства жидкости [33]. Тем самым подтверждается предположение Флетчера [8,31] о хаотической молекулярной структуре этого промежуточного слоя. Его существование физически обусловлено обрывом водородных связей на границе собственно ледяной структуры [8[. Неиспользованные связи образуют поверхностный электрический заряд, который притягивает к себе свободные полярные молекулы H_2O.

32

Эти молекулы сосредоточены в виде пленки аморфного, в отличие от льда, конденсата и ориентированы в таком преимущественном направлении, чтобы их суммарное электрическое поле нейтрализовало поле поверхностного заряда льда. Обнаруженное в [33] увеличение толщины пленки с ростом температуры компенсирует нарушение упорядоченной ориентации молекул вследствие их теплового движения. Фактически ереходной слой аморфного конденсата образует энергетически и структурно оптимальную промежуточную среду для массообмена льда с окружающим паром в процессах его конденсации и испарения, а его наличие обеспечивает энергетически устойчивую, равновесную систему раздела между кристаллическим льдом и паром.

С другой стороны, существование на разделе лёд – пар переходного слоя, состоящего из А-воды, приводит к определенному выводу о том, что А-вода служит субстанцией промежуточного фазового "скачка" в процессе конденсационного льдообразования в соответствии с правилом "ступенчатых переходов" Оствальда [23]. Это правило устанавливает, что *"при любом процессе необратимого перехода сначала возникает не наиболее устойчивое состояние с наименьшей свободной энергией, а наименее устойчивое и наиболее близкое по величине свободной энергии к исходному состоянию"*. Свойства и поведение А-воды в точности соответствуют определению промежуточной фазовой ступени в процессе, где исходным и конечным состояниями воды служат соответственно водяной пар и кристаллический лед. Здесь А-вода выполняет роль "пре-льда", согласно которой процесс новообразования льда из пара состоит из её конденсации и последующей кристаллизации. Самостоятельное существование А-воды в виде облачных капель отображает способность промежуточной по Оствальду фазы сохранять метастабильное состояние и означает, что в лед обращаются только капли с внедренными гетерогенными центрами кристаллизации в составе ядер конденсации либо контактного происхождения. Соответственно, устойчивое сохранение А-воды в естественных облаках в отличие от лабораторных условий происходит благодаря несоизмеримо меньшей вероятности наличия центра кристаллизации в микроскопическом конденсационном ядре каждой капли по сравнению с лабораторной подложкой.

Физическая природа атмосферных ядер конденсации А-воды (ЯКАВ) связана со следующей аномалией. В атмосфере нередко встречаются слои (например, под основаниями облаков из переохлажденной воды-1), в которых относительная влажность соответствует недосыщению пара над водой-1, но пересыщению над кристаллическим льдом и А-водой, и тем не менее отсутствуют какие-либо облачные образования [46]. Это означает, что активные ЯКАВ, как и прямодействующие льдообразующие ядра (ЛЯ), в общем случае отсутствуют в сухом атмосферном воздухе [46]. Определённую ясность в вопросы происхождения ЯКАВ вносят такие замечательные экспериментальные факты, как возникновение ледяного кристалла на месте только что испарившейся капли переохлаждённой воды-1 [43] и типичное присутствие мелких (< 20 мкм) ледяных частиц в облаках, по всем признакам состоящих из воды-1 [19,36]. Из всего изложенного вытекает, что по крайней мере при $T > -39^{\circ}C$ природные ЯКАВ имеют, как правило, вторичное происхождение как продукт "осушительной" реактивации ядер конденсации воды-1. При более низких температурах механизм их образования выходит за рамки изложенной версии и пока остается не совсем ясным.

Вообще говоря, вода-1 в принципе также выполняет функцию промежуточной фазы в процессе конденсационного льдообразования. Однако, как будет показано далее, функции обеих жидких фаз во внутриоблачных процессах льдообразования существенно различаются в соответствии с различием их свойств.. Во всяком случае, вода-1 по своим свойствам не подпадает под понятие фазовой "ступени" по Оствальду вопреки утверждению в [42].

4.4. Свидетельствует талая вода

Мы рассмотрели свойства А-воды, относящиеся исключительно к отрицательным температурам. В области положительных температур парциальное давление насыщенного пара над А-водой, в соответствии с гладкой экстраполяцией температурной зависимости этой величины для льда [21], становится выше, чем над водой-1. Это означает, что при $T > 0^{\circ}C$ равновесное существование А-воды в реальной воздушной среде, содержащей зародыши конденсации либо капли воды-1, становится невозможным, поскольку не может быть достигнуто устойчивое насыщение пара над нею.

В то же время сама по себе возможность физического существования А-воды при положительных температурах может быть легко удостоверена наблюдением ее взвеси в воде-1, возможному благодаря различию коэффициентов преломления и взаимной нерастворимостью обеих модификаций H_2O. Рассматривая талую воду в прозрачном сосуде при сильном боковом освещении во время и по окончании таяния льда, можно видеть отслоившиеся от льда обрывки прозрачной пленки, распадающиеся на более мелкие фрагменты (рис.4.1). Тот факт, что форма этих взвешенных в воде-1 частиц далека от сферической, со всей очевидностью указывает на отсутствие поверхностного натяжения на общей границе обеих фаз. **Это новое обнаруженное свойство А-воды.**

Рис.4.1.*Так в общем случае выглядит талая вода при боковом освещении. Взвешенная примесь – обрывки возобновляемой промежуточной плёнки на границе льда с водой, проявляющие свойства жидкости, не растворимой в обычной воде и обладающей более высокой плотностью. Это и есть А-вода.*

Когда вода в сосуде спокойна, примесные частицы испытывают медленное коллективное осаждение. Скорость падения индивидуальных частиц обнаруживает прямую зависимость от их размеров. Наиболее крупные из них сливаются с теми, которых они догоняют и захватывают. Очевидно, что такое поведение свойственно только жидкостям. Осевшие на дно сосуда частицы могут сохраняться, по меньшей мере, неделями благодаря их защите от контакта с воздухом слоем воды-1. При перемешивании воды они вновь переходят в дисперсную примесь.

Так несложный и легко воспроизводимый эксперимент подтверждает, что так называемый "квазижидкий" поверхностный слой на границе ледяной структуры фактически состоит из жидкого вещества с химической формулой H_2O, но при этом обладающей заметно большей плотностью, чем обычная вода-1, т.е. определённо из А-воды.

4.5. Аморфный лёд: область заблуждений

Многочисленными опытами установлено, что продуктом конденсации водяного пара на подложке при температурах порядка 100 К является твёрдое стеклообразное вещество, в отличие от льда и воды-1 лишённое признаков упорядоченной внутренней структуры в соответствии с результатами структурно-чувствительного (рентгенографического, электронографического и др.) анализа [6,27,28]. Эта твёрдая аморфная форма воды получила у разных авторов разные названия. Для краткости остановимся на варианте *аморфный лёд*, или ***а-лёд.***

С повышением температуры, начиная с 135 К, а-лёд переходит в вязкое состояние. С дальнейшим ростом температуры его вязкость почти экспоненциально снижается, при этом быстро растет вероятность его спонтанной кристаллизации с превращением в кубический лёд I_c и затем в гексагональный лёд I_h. Устойчивость вязкого состояния зависит также от материала и чистоты подложки. Важным для нас свойством а-льда является его способность к конденсационному превращению при соответствующей температуре непосредственно в вязкое состояние.

При 150 ÷ 160К а-лёд приобретает свойство текучести и вместе с тем практически абсолютную неустойчивость к кристаллизации. На этом основании у некоторых авторов возникло сомнение в возможности существования жидкого состояния аморфной воды. Другие разделяют идею существования непрерывного промежуточного состояния между переохлаждённой водой-1 и аморфной водой, родственного обеим формам, хотя поиски такого состояния не принесли положительного результата. Так, предложенное в [22] искусственное сопряжение температурных зависимостей ряда характеристик обеих форм, будто бы отображающее свойства гипотетического промежуточного состояния, не представляется оправданным хотя бы из-за резкой несхожести этих зависимостей.

Представления о фундаментальных физических характеристиках твёрдого аморфного конденсата, таких как плотность, теплота испарения и кристаллизации и др., также ещё не обрели сколько-нибудь определенной законченности. Подавляющая часть довольно многочисленных оценок его плотности основывалась на изменении его объёма в результате кристаллизации с превращением в обычный лёд-1 с заведомо известной плотностью 0,92 г·см$^{-3}$. По полученным данным выделена "низкоплотная" аморфная вода с измеренной плотностью 0,94 ÷ 1 г·см$^{-3}$ и "высокоплотная" с измеренными значениями от ~1,2 г·см$^{-3}$ до ~1,6 г·см$^{-3}$ [28]. Определение скрытой теплоты кристаллизации лабораторного аморфного конденсата производилось по скачку температуры в процессе кристаллизации и выразилось в значительном разбросе полученных оценок – от 30 до 100 Дж·г$^{-1}$. Предложенные в [28] объяснения подобных результатов носят чисто гипотетический и физически не обоснованный характер. Во всяком случае, столь резко неоднозначные оценки обеих физических характеристик, выполненных одними и теми же способами, определённо указывают на иную их причину, чем естественное свойство а-льда.

Ещё раньше, в 1970 году Delsemme & Wenger [30] сообщили об определении плотности твёрдого конденсата при $T \approx 100$ К методом измерения геометрического объёма образца и массы пара, затраченного на его образование и выделившегося при испарении. Ими получен результат 2,32±0,17 г·см$^{-3}$. Несмотря на высказываемые сомнения в адекватности этих измерений [22], они фактически свободны от ошибок принципиального характера и потому являются принципиально достоверными с точностью до погрешности измерений. Близкое, тем более с учётом разности температур, совпадение этого результата для а-льда с нашей оценкой для А-воды (2,1 г·см$^{-3}$) вряд ли случайно. Однако не следует спешить с выводами, пока остаются вопросы и не исчерпаны все доступные аргументы. В данном случае первостепенный интерес представляет сама по себе аномально высокая плотность воды в аморфном состоянии

4.6. Водородные связи и плотность конденсированной фазы H₂O

С первого взгляда может показаться курьёзом тот экспериментально установленный факт, что плотность а-льда, в структуре которого отсутствуют водородные связи, более чем в 2 раза превосходит плотность льда-1 с полностью задействованными водородными связями. Между тем, этот феномен получает весьма простое объяснение в ранее не замеченной и, казалось бы, малозначительной особенности межмолекулярных связей в воде, а именно: *водородные связи не сближают, а наоборот, отдаляют друг от друга соединенные ими молекулы по сравнению с колебательными связями,* свойственным простым жидкостям.

Таким образом, высокая плотность низкотемпературного водного конденсата служит одновременно следствием и показателем отсутствия водородных связей в его структуре, если и поскольку последние удерживают молекулы H₂O на большем расстоянии, чем "прямые" межмолекулярные связи. Однако этим не ограничивается сфера приложения "расширительного" эффекта водородных связей. Фактически этот эффект представляется далеко не последним по важности из основополагающих законов физики воды, поскольку заключает в себе единое универсальное объяснение известных и доселе необъяснимых аномалий в свойствах воды-1 [11-13, 40,41]. Самой доступной и наглядной иллюстрацией этой уникальной особенности воды как вещества служит непотопляемость, или плавучесть кристаллического льда-I в жидкой воде.

Достаточно очевиден вывод о том, что *плотность воды в конденсированном состоянии находится в обратной зависимости от концентрации водородных связей в её структур*е. Максимальной плотностью вещества H₂O должна обладать структура, полностью лишенная водородных связей. Согласно теоретической оценке [6], в этом случае вещество H₂O должно иметь плотность около 2 г·см$^{-3}$.

От концентрации водородных связей зависит не только плотность, но и связанная внутренняя энергия вещества H_2O. Мерой этой энергии служит энтальпия испарения. У кристаллического льда-1 она прочти полностью определяется энергией водородных связей [6]. Для демонстрации места этой характеристики А-воды относительно свойств ближайших к ней физико-химических соединений, на рис.4.2 приводится сравнение мольной энтальпии испарения ΔH_e жидких модификаций H_2O и гидридов гомологического ряда гидридов элементов VI группы.

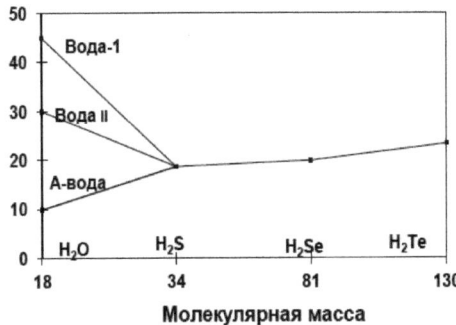

Рис.4.2. *Сравнение значений энтальпии испарения жидких гидридов элементов VI группы и жидких модификаций воды. Значения для H_2O даны при 0^oC, а для остальных веществ – при температурах их кипения.*

Шкала оси ординат отградуирована в единицах энтальпии (кДж / моль).

Доподлинно известно, что соединения H_2S, H_2Se, H_2Te образуют простые, или аморфные по структуре жидкости. Согласно рис.4.2, их величины ΔH_e при температурах кипения (от -60^oC для H_2S до -2^oC для H_2Te) испытывают довольно слабую монотонную зависимость от молекулярной массы M. Для жидких модификаций H_2O значения ΔH_e приведены к температуре -30^oC. Как видно из рис.4.2, энтальпия испарения обычной воды-1 и воды II значительно отклоняется от экстраполированной зависимости для H_2S – H_2Te повышенными значениями, обусловленными наличием водородных связей в структурах обеих названных фаз. Что касается А-воды, то спад её энтальпии по отношению к экстраполяцией этой зависимости может означать либо спорадическое наличие водородных связей в жидких H_2S – H_2Te, либо отличие энергии колебательных взаимодействий между молекулами H_2O, обусловленное уникальной спецификой их строения и свойств [6,27]. В любом случае минимальная величина делает А-воду наиболее реальным претендентом на отсутствие в ее структуре водородных связей.

Снижение величины ΔH_e у воды-1 относительно кристаллического льда всего на 12% (при 0^oC) при том, что энергия единичной водородной связи примерно в пять раз превосходит энергию других взаимодействий между соседними молекулами, доказывает, что в "моментальной" структуре воды-1 при атмосферных температурах задействована преобладающая часть возможных водородных связей [45]. Структура "тяжёлой" воды Дерягина [5] (вода-II с плотностью 1,4 г·см$^{-3}$) отличается наличием водородных связей в значительно меньшей концентрации, чем в воде-1. Это заставляет предположить, что конфигурация её межмолекулярных связей включает в себя частично водородосвязанные элементы (согласно [5], ими могут быть "большие" молекулы-кластеры), препятствующие формированию зародышевых элементов решётки кристаллического льда I и потому обусловливающие сохранение её жидкого состояния по крайней мере до –90°C.

5. Процессы и эффекты кристаллизации воды

Мы пользуемся термином "кристаллизация" воды наравне с его синонимом "замерзание", но в более строгом физическом смысле, поскольку её продукт – кристаллический лёд – не просто твёрдое агрегатное состояние, а отдельная фаза воды.

Не будет преувеличением утверждать, что процессы фазовых переходов в ХО играют первостепенную роль в формировании их микроструктуры как непосредственно, так и посредством влияния на термодинамические и другие условия фазообразования. Однако исследования в этой области немногочисленны и ещё не вышли на уровень систематических обобщений. Особые трудности вызывают исследования жидких состояний воды, метастабильных в отношении превращения в кристаллический лед. Кроме обычной воды-1, к таким состояниям относится А-вода, имеющая, согласно рассмотренным выше признакам, аморфную структуру. Обе жидкие модификации воды зарождаются в облаках свободной атмосферы путем конденсации и сохраняются в них до тех пор, пока не появятся условия для их испарения либо замерзания (кристаллизации).

Традиционные подходы в физике ХО учитывают такие явные эффекты замерзания капель переохлажденной воды, как генерация дисперсного кристаллического льда, подогрев воздуха за счет выделения скрытой теплоты замерзания и пересыщение фоновой влажности над образовавшимися ледяными частицами. Между тем, сам внутренний процесс замерзания сопряжен с явлениями, кажущимися парадоксальными, поскольку не поддаются убедительным объяснениям в рамках существующих физических понятий. Это в немалой степени касается и воды-1, свойства которой, несмотря на их кажущуюся простоту или, по крайней мере, основательную изученность, нуждаются в отдельном рассмотрении.

5.1. Особые свойства "переохлаждённой" воды-1

Хотя вода-1 и А-вода одинаково принадлежат к химическому соединению H_2O, огромное различие в физических свойствах относит их к разным веществам, или полиморфным формам воды. При этом свободная А-вода представляет собой простую по определению жидкость, т.е. подчиняется общим закономерностям, присущим необозримому классу жидкостей. В то же время обычная вода-1 при отрицательных температурах ("переохлаждённая" вода) приобретает необычные уникальные свойства, оставаясь единственной в своём роде.

Как известно, вероятность замерзания переохлажденной воды-1 с превращением в лёд I быстро растет с понижением температуры, а также с увеличением вероятности контакта с инородными зародышами (ядрами) кристаллизации. Вот почему сохранить и изучить её жидкое состояние в сосуде удалось только до –34°C [3,46]. Зато она способна легко сохраняться в природных облаках и лабораторных туманах в форме взвешенных в воздухе капель. Температура минус 39°C или несколько ниже, при которой безусловно замерзают все взвешенные в воздухе мельчайшие капельки, общепризнанна как нижний предел существования жидкой воды-1.

В объяснении и уточнении необычных свойств воды 1 примем во внимание отмеченный выше "расширительный" эффект водородных связей. Например, именно и только этим эффектом легко объясняется уникальная аномалия в плотности воды-1 – максимум при температуре +4°C и прогрессирующее уменьшение с понижением отрицательной температуры [3]. Дело в том, что удельная концентрация действующих водородных связей в воде-1 испытывает обратную зависимость от энергии их "разрушителей" – тепловых колебаний молекул. Поэтому с понижением температуры плотность воды-1 должна, с одной стороны, увеличиваться за счет ослабления тепловых колебаний молекул, как в обычных веществах, а с другой стороны – уменьшаться за счет увеличения концентрации водородных связей, отдаляющих молекулы друг от друга. При температурах выше 4°C преобладает первая тенденция обычного теплового расширения, а при $T < 4$°C – вторая, обусловленная расширительным эффектом водородной связи.

Зависимость плотности переохлажденной чистой воды-1 от температуры экспериментально определена только до –34°С [3] и продолжена нами в область более низких температур, как показано на рисунке 5.1, исходя из следующих соображений. Уменьшение плотности воды-1 означает приближение её структуры к структуре кристаллического льда по удельной концентрации водородных связей и соответственно по относительному суммарному объёму спонтанно возникающих льдоподобных кластеров. При этом повышается вероятность гомогенного возникновения активного зародыша льдообразования – начала превращения в лёд всего образца (капельки) жидкости. То, что при –39°С эта вероятность становится единицей, означает достижение тождественности воды-1 со льдом по плотности и, естественно, по внутренней энергии. Последнее означает, что в этой точке *скрытая энергия замерзания воды-1 должна обратиться в нуль.*

Кривая 1 на рис.5.1 показывает, как должна качественно выглядеть температурная зависимость этого параметра. Между тем, в официальных справочниках, например [21], приводятся значения скрытой теплоты замерзания воды, выведенные из линейной аппроксимации экспериментальной зависимости для температур выше –30°С и её линейной экстраполяции в область более низких температур прямой 2 на рис.5.1.

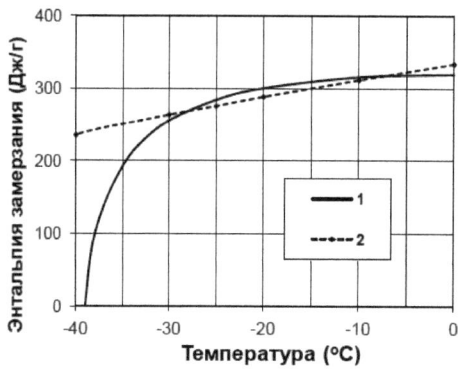

Рис.5.1. *Значения энтальпии замерзания воды-1 в зависимости от температуры:*

1 – концептуальная модель, основанная на её пропорциональности разности значений плотности воды-1 и льда I,

2 – справочная модель, основанная на линейной аппроксимации и интерполяции экспериментальных точек.

В таблице 5.1 приводятся численные параметры, характеризующие предложенную концептуальную модель поведения воды-1 вдоль температурной оси. Нижняя строка таблицы демонстрирует результат, полученный в следующем разделе 5.2.

41

Таблица 5.1. Температурный ход характеристик воды-1

Температура, T, °С	0	−10	−20	−30	-35	ок. −39
Плотность, г·см$^{-3}$	1,00	0,999	0,995	0,983	0,967	0,917
Энтропия замерзания, Дж·г$^{-1}$	316	312	297	264	251	0
Относительный выход пара при замерзании	0,083	0,082	0,078	0,068	0,052	0

5.2. Парадоксы кристаллизации метастабильной воды

При определении физических свойств аморфного конденсата через эффекты его кристаллизации странным образом не учитывают неизбежное испарение части воды из образца в результате выделения скрытой энергии фазового перехода. С учетом фронтального характера процесса замерзания, вопрос о механизме массоотдачи и доле испарившейся воды в общем случае, оказывается совсем не тривиальным.

Обе метастабильные формы воды способны спонтанно переходить в одну и ту же фазу – кристаллический лёд I с плотностью ~0,92 г·см$^{-3}$. Во всех случаях имеет место фазовый переход первого рода, связанный со скачкообразным разделением фазовых пространств. Поэтому в основе процесса кристаллизации континуального образца лежит продвижение границы раздела фаз, или фронта кристаллизации [6]. Вследствие различия плотностей фаз по обе стороны фронта, замерзающая частица, казалось бы, должна либо изменять свою форму, либо разрушаться под действием внутреннего напряжения. В действительности, как засвидетельствовано многими опытами, только что замерзшие капли воды-1 сохраняют не только сферическую форму, но и размеры. Эту непонятную особенность отчётливо иллюстрирует рис.5.3, где представлены кадры сверхскоростной киносъёмки процесса фронтального замерзания водяной переохлаждённой капли. Странно. если авторы этого уникального эксперимента [32] не заметили парадоксальности своего результата

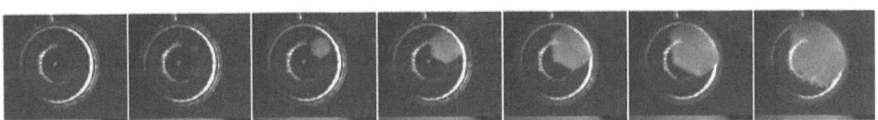

Рис.5.3. *В процессе фронтального замерзания капли её сферическая форма и размер не претерпевают заметных изменений. Фрагмент стенда к докладу по работе [32].*

В случае кристаллизации капель А-воды эффект сохранения сферической формы проявляется в типичной картине "обзернения" облачных кристаллов осевшими на них и в результате замёрзшими каплями (рис.5.4).

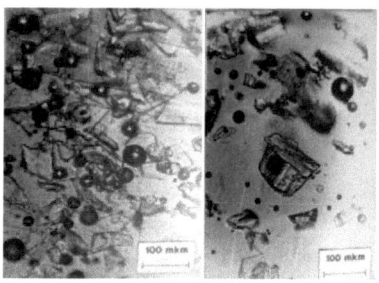

Рис.5.4. *Микрофотографии проб частиц в облаках, определённых в реальном времени как чисто кристаллические (по А.М. Боровикову). По иронии, объектом изучения была форма ледяных кристаллов и потому для фото выбирались зоны предметных слайдов, наиболее свободные от осаждённых капель.*

Другой кажущийся парадокс фронтальной кристаллизации вытекает из того общепринятого положения, что скрытая энергия указанного фазового перехода высвобождается в чисто тепловой форме. В рамках элементарной физики, эта теплота должна выделяться непосредственно на фронте образования ледяной фазы. При этом новообразованная ледяная структура должна испытать начальный прирост температуры

$$\Delta T_0 = \frac{L_f}{c_{pi}},\qquad(5.1)$$

где L_f – скрытая теплота замерзания воды-1, $c_{pi} \approx 2{,}0$ Дж·г$^{-1}$ – удельная теплоёмкость льда. Для воды-1 с температурой от –35°C до 0°C соответствующие расчётные значения ΔT_0 составляют от 100°C до 160°C. Ещё более впечатляющий результат демонстрирует А-вода, для которой $L_f = L_i - L_e \approx 2300$ кДж·кг$^{-1}$, где L_i – теплота испарения льда. Здесь выражение (5.1) даёт $\Delta T_0 \approx 1150$ К. Таким образом, в момент своего образования и в течение конечной части времени температурной релаксации лёд должен иметь локальную температуру, намного превосходящую точку его плавления и поэтому физически исключающую возможность его существования.

В литературе последний парадокс также чаще всего остаётся без внимания. Отдельные попытки его объяснения сводятся к общей идее о том, что процессы на фронте кристаллизации носят некий более сложный характер, чем это следует из высказанных элементарных соображений. Необъяснимость отмеченных парадоксов с позиции обычных базовых представлений в физике воды наводит на мысль о том, что они являются прямым выражением специфики механизма фронтальной кристаллизации воды. А именно, п*ри прохождении фронта кри-*

сталлизации метастабильной воды сохраняется не масса, а объём жидкой частицы, и скрытая энергия высвобождается не в тепловой, а в иной форме.

В свете современных, изложенных выше представлений о межмолекулярной структуре различных фаз воды, оба отмеченных парадокса поддаются объяснению на единой физической основе [13,40], которое заключается в следующем. Непрерывное продвижение поверхности раздела фаз в процессе кристаллизации обусловлено последовательным присоединением молекул из жидкости к кристаллической решетке льда. Сохраняющиеся и вновь образующиеся водородные связи служат соединительными звеньями между обеими фазами, обеспечивая их постоянное неразрывное сцепление. Такое сцепление исключает возможность тангенциального скольжения слоя жидкости, прилегающего к фронтальной поверхности. По этой причине и вследствие своей внутренней вязкости жидкость, захватываемая движущимся фронтом, не испытывает деформации по отношению к твердой ледяной основе, в результате чего новообразованная ледяная фаза сохраняет исходный геометрический объём жидкой фазы. Но поскольку плотность льда меньше плотности жидкости, на фронте кристаллизации образуется избыточная по отношению к ледяной структуре масса воды. Выделяющаяся на фронте энергия передается непосредственно освобождающимся молекулам, превращаясь в их кинетическую энергию.

Каким же образом эти несвязанные молекулы покидают конденсированную среду? Некоторую ясность в этот вопрос может внести опыт естественного, распространяющегося сверху вниз замерзания воды в сосуде. Известно, что при таком замерзании деформацию или разрушение под действием внутреннего давления испытывает нижняя часть сосуда, а не основная зона образования льда. Это означает, что образующийся лёд не только сохраняет исходный объём жидкой воды, но и непроницаем для выхода излишка молекул, образуемого фронтом замерзания. Повышение же давления происходит в замкнутом объёме жидкости за счёт поступления в него новых и новых молекул. Отсюда следует, что выход в окружающее воздушное пространство молекул, отторгнутых фронтом замерзания, возможен только через промежуточную жидкую среду.

Используя аналогию с процессом спокойного (плёночного) кипения, поток образующихся свободных молекул в жидкости можно уподобить истечению молекулярного пара от горячей поверхности. Детали этого явления до сих пор мало изучены и, возможно, включают в себя цепочную передачу энергии от молекулы к молекуле. Известно, что замерзание переохлаждённой воды может происходить при температурах, сколько угодно близких к $0^{\circ}C$. Это означает, что отторгнутые от фронта молекулы покидают каплю всецело и не передают ей сколько-нибудь заметной доли своей энергии. Иными словами, адиабатический процесс кристаллизации является изотермическим в пространстве и времени.

Из сказанного следует, что доля воды, обращающейся при кристаллизации в пар, составляет

$$m_v/m_w = (\rho_w - \rho_i)/\rho_w,\qquad(5.2)$$

где m_w и m_v – масса жидкой воды и пара соответственно. В случае воды-1, с учётом зависимости $\rho_w(T)$ по рис. 5,1 эта доля составляет 8,3% при –1 $^{\circ}$C и 5,2% при –35 $^{\circ}$C, все быстрее снижаясь до нуля при приближении к –39 $^{\circ}$C (табл.5.1) При кристаллизации А-воды с плотностью ~2,1 г·см$^{-3}$ в пар обращается около 56 % её массы. Согласно расчёту [13,40], в обоих случаях эффективная средняя скорость молекул при пересечении границы жидкость – пар составляет 60 ÷– 80 метров в секунду. Такое высокоскоростное истечение пара из замерзающей капли возбуждает микромасштабную турбулентность в её окрестности. Коллективное замерзание капель оказывает определённое влияние на микро- и макро физические процессы в облаке [13,40,41].

Мы считаем возможным распространить полученные выводы на низкотемпературный аморфный конденсат в вязком консистентном состоянии, по всем данным [3,22] обладающий метастабильностью в отношении перехода в лёд-I. Действительно, при его кристаллизации наблюдалось выделение неопознанного газа [6], каковым по разумным соображениям может быть только водяной пар.

Экспериментальным подтверждением описанного механизма замерзания может служить эффект "двухэтапного" процесса замерзания капли воды-1, типично наблюдаемый в лабораторных экспериментах [42]). Этот эффект заключается в том, что основное повышение температуры капли происходит не во время, а после её превращения в лед. Объяснению этого эффекта авторы [42] отвели 4 книжных страницы, заполненных сложнейшими формулами, и ни разу не упомянули водяной пар. Между тем, именно водяной пар является "виновником" данного парадоксального явления. Действительно, как установлено выше, собственно процесс замерзания континуального образца (капли) не меняет его температуру. В то же время выделившийся пар, в реальности лишь частично и не одновременно, осаждается на ледяную поверхность замёрзшей капли, вызывая её нагревание выделяющейся скрытой теплотой конденсации. Подробнее об этом феномене – в разделе 5.3..

5.3. Полиморфизм аморфного льда: миф или реальность?

В последние годы проблема низкотемпературной аморфной воды привлекла внимание учёных всего мира. Её исследованию посвящён большой ряд работ, детальный обзор которых содержится в [28]. Наиболее доступное и потому популярное средство экспериментального исследования плотности этого состояния H_2O заключалось в конденсации водяного пара на подложке при 100 К и сравнении объёма или толщины слоя конденсата в вязком состоянии до и после его превращения в кристаллический лёд-I. По полученным данным в [28] выделена "низкоплотная" аморфная вода с измеренной плотностью 0,94 ÷ 1 г·с.м$^{-3}$ и "высокоплотная" с измеренными значениями от ~1,2 г·см$^{-3}$ до ~1,6 г·см$^{-3}$. Предложенные гипотетические объяснения подобных результатов имеют такую странную особенность, как недоучёт сопровождающих опыты тепло- и массо-обменных эффектов фазовых превращений,

Между тем, неучёт потерь массы конденсата на парообразование при фазовом переходе неизбежно приводят к тотально заниженной оценке его плотности по изменению объёма в результате кристаллизации. Дело в том, что выделившийся в процессе кристаллизации пар возвращается на образующийся лёд далеко не полностью, как это требуется для чистоты эксперимента, а рассеивается по объёму лабораторной рабочей камеры и частично оседает на её стенках и конструктивных элементах. С этой точки зрения разброс результатов определения плотности объясняется неоднозначностью доли обратно сконденсированного пара от выделенного в процессе кристаллизации. Эта доля зависит от эффективности отвода выделившегося пара от образца и обусловлена условиям эксперимента. Чем сильнее отток пара, тем меньшая доля пара "вернется" к образцу и соответственно тем ниже оказывается искомое значение плотности аморфной воды. В реальности наибольшие и, следовательно, наиболее приближенные к истине значения должны получаться при минимальных величинах замкнутого объёма, заключающего образец. Однако в любом случае избежать серьёзной ошибки определения данным методом базовых физических параметров аморфной воды принципиально невозможно.

Аналогично, наблюдаемое при кристаллизации повышение температуры образца не связано с энергией этого фазового перехода, а является следствием его подогрева теплотой, выделенной при неполной реконденсации пара.

Если приведенные здесь догадки и доводы верны, в чём мы не сомневаемся, то они развенчивают разделяемую многими учёными сенсационную идею о делении аморфной воды на "низкоплотную" и "высокоплотную", обобщённую в искусственном понятии "полиАморфизма" [28]. Со своей стороны, мы имеем все основания противопоставить утверждение о сингулярности (единственности) понятия аморфной фазы воды.

Резонным доводом в пользу сингулярности аморфной фазы воды служит весьма близкое, с учётом суммарной погрешности и разности температур, совпадение плотности облачной жидкой А-воды (2,1 г.см$^{-3}$ при −30°C) и лабораторного твёрдого конденсата (2,3 г.см$^{-3}$ при −170°C), определённых независимо, в разных ситуациях и принципиально разнящимися способами. Согласно расчёту в [6], такой высокой плотностью может обладать только такое соединение H_2O, структура которого полностью лишена регулярных водородных связей.

6. А-вода – жидкая аморфная субстанция

Жёсткая геометрия линий водородной связи молекулы воды (рис. 4.2) исключает возможность полностью хаотического взаиморасположения молекул, систематически охваченных водородными связями, но обусловливает его регулярность в осреднённом ближнем порядке, как в случае воды-1 [27]. Отсутствие подобной регулярности в инструментальных показаниях означает отсутствие структурообразующих водородных связей в исследуемом конденсате.

Всё вышесказанное, вплоть до этих строк, подводит к твёрдому выводу об идентичности физико-химической природы облачной А-воды и лабораторного аморфного конденсата. Мы находим, что А-вода физически (но не генетически) представляет собой "высокотемпературный" расплав твёрдого аморфного конденсата, или аморфного льда. Это утверждение снимает бытующие ныне сомнения в возможности физического существования жидкой формы аморфной фазы воды. Обнаруженная в свободном состоянии А-вода служит именно той субстанцией, которая восполняет имеющийся пробел в знаниях о фазовом состоянии свойствах воды в интервале температур от ~160 K (−110°C) до 233 K (−40°C).

В то время как жидкая вода-1 и кристаллический лёд I являют собой разные фазы H_2O и не имеют промежуточного состояния, А-вода и твёрдый аморфный лёд принадлежат к одной и той же сингулярной аморфной фазе с вязким промежуточным (между 135 K и 160 K) состоянием между ними. В этом отношении поведение аморфной воды в широком смысле аналогично поведению других плавких аморфных веществ (стекло, парафин, многие полимеры, металлы, их сплавы и др.).

.

Характеристика	Вода-1	А-вода
Температурные пределы метастабильного состояния	234 К – 273 К	135 К – 273* К
Температура затвердевания и размягчения	–	135 К
Температура плавления	273 К	150...160 К
Плотность, г·см$^{-3}$ (при данной температуре)	0.92* (234 К)– 1.0 (273 К)	2.3 (100 К) 2.1* (243 К)
Показатель преломления в жёлтом свете	1.33 (293 К)	1.81* (243 К)
Энергия испарения, Дж·г$^{-1}$	2570 (243 К)	~550* (243К)
Ээнергия кристаллизации, Дж·г$^{-1}$	0* (234 К) 260 ÷ 320 (>243 К)	~2290* (243 К) (разность величин)
Выход пара при кристаллизации в процентах от исходной массы*	0% (234 К) 5.2% (238 К) 8.3% (272 К)	55÷60%
Теплоемкость, Дж·г$^{-1}$	4.22 (273 К)– 4.77 (234 К)	Не определена
Давление насыщенного пара	Справочное для воды-1	Справочное для кристаллич. льда-I*
Вероятность кристаллизации	Растет с **понижением** температуры	Растет с **повышением** температуры

Условимся по-прежнему называть А-водой аморфную воду в жидком состоянии. Изучение ее свойств в нестандартных условиях самолетного натурного эксперимента позволило уточнить ранее исследованные свойства и пополнить список известных свойств аморфной фазы воды (таблица 6.1).

Неопределенно длительное метастабильное существование жидкокапельной аморфной воды в ЛСО обязано как достаточно высокой вероятности отсутствия центра кристаллизации в каждой отдельной капле, так и её конденсационному равновесию с ледяной фазой. По этим причинам атмосферные облака предоставляют гораздо более благоприятные, чем лаборатория, возможности для изучения свойств аморфной воды в жидком состоянии, как и её роли в формировании микрофизического строения атмосферных облаков.

7. Метастабильные формы воды в холодных облаках

Функциональные и тактико-технические возможности аппаратуры СОМК (раздел 3.1) позволили получить уникальные данные о фазово-дисперсном строении природных холодных облаков, выходящие за пределы существующих общих представлений. Приводимые здесь фактические материалы представлены в статистически обобщающей табличной и графической форме. Осреднение данных производилось в два этапа: (1) текущих параметров по каждому отдельному пересечению облака и (2) полученных средних по типам структуры и температурным интервалам с одинаковым для объективности весом.

7.1. Микроструктура жидкой дисперсной фазы в ЛСО

Таблица 7.1 даёт представление о величинах и температурной зависимости полной водности W_T и относительном вкладе в W_T капельной А-воды W_A. Значения водности определены по формулам (3.12).

Таблица 7.1 Статистика данных о двухфазной водности ЛСО

Температура (°C)	−5	−10	−20	−30	−40	−50
Структура типа С2						
Число случаев	21	99	21	12	–	–
W_T (г·м⁻³) – **среднее**	**0,73**	**0,46**	**0,32**	**0,07**		–
максимум	1,45	1,62	0,74	0,24	–	
W_A / W_T – **среднее**	**0,87**	**0,89**	**0,91**	**0,88**	–	–
минимум	0,52	0,38	0,63	0,63		
Структура типа С3						
Число случаев	11	26	44	66	39	13
W_T (г·м⁻³) – **среднее**	**0,62**	**0,37**	**0,30**	**0,11**	**0,06**	**0,04**
максимум	1,65	1,14	0,96	0,54	0,26	0,07
W_A / W_T – **среднее**	**0,70**	**0,51**	**0,65**	**0,82**	**0,81**	**0,69**
минимум	0,36	0,30	0,31	0,38	0,33	0,17
максимум	0,93	0,89	1	1	1	1

В данных Табл. 7.1 поражает не столько перманентное наличие жидкой фракции в ЛСО, сколько её значительная доля в полной водности. В целом её вклад на порядок превосходит вклад ледяной фракции и практически слабо связан с температурой в рамках реально ограниченной статистики данных, усугубленной недостаточным разнообразием исследованных облачных ситуаций. Указанные особенности сильнее проявляются в структуре С2, чуть ли не полностью состоящей из капель А-воды

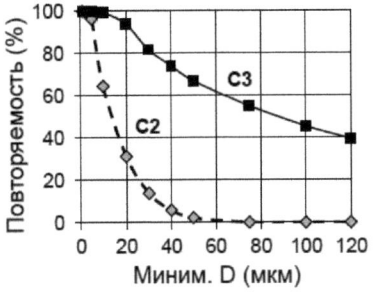

Рис. 7.1. *Интегральное распределение вероятности неопределённо заниженных значений D эффективного диаметра капель А-воды в смешанных облаках типов С2 и С3.*

Графики на рис.7.1 наглядно демонстрируют существенное различие в между обоими типами облаков смешанной структуры в характерных размерах капель А-воды по (3.7). Однако оговоримся, что данные для С3 сильно завышены из-за специфических ошибок определения величины D при малых E. По этой причине оценить истинные максимальные размеры капель не представилось возможным. По данным [29], размеры капель в ХО могут достигать 0,5 мм.

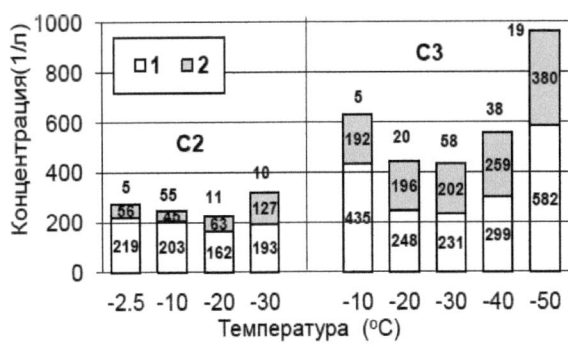

Рис. 7.2. *Соотношение концентраций капель крупнее 12 мкм (1) и кристаллов крупнее 20 мкм (2). Цифры над столбцами – число рабочих пересечений облаков, внутри - – значения концентрации.*

На рис.7.2 показаны средние значения счётных концентраций капель А-воды и ледяных кристаллов с пороговыми размерами 12 мкм и 20 мкм, соответственно, в зависимости от температуры облаков типов С2 и С3. Данные не нуждаются в особых комментариях за исключением того, что в структуре С3 концентрации частиц существенно увеличены и имеют более заметный температурный ход по сравнению с С2. Впрочем, не исключено, что их выброс при самых низких температурах в С3 может быть следствием "игры статистики" в связи со статистической недостаточностью числа посещённых облаков верхнего яруса при всей изменчивости их характеристик.

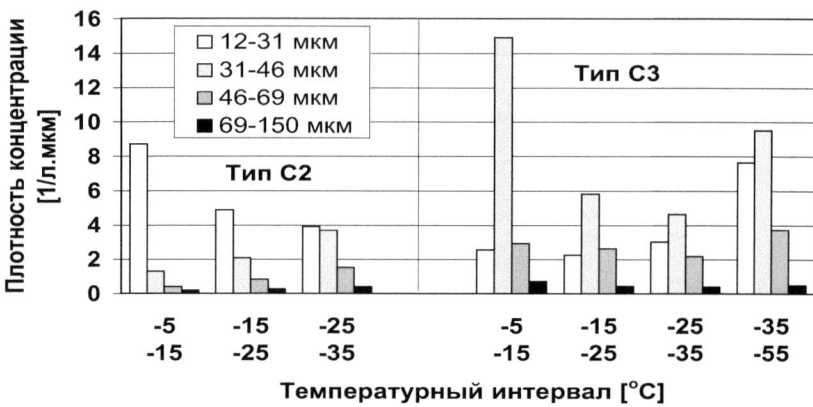

Рис.7.3. *Гистограммы распределения по диаметрам капель А-воды (по данным АФСО для облачных выборок с незначительным влиянием ледяной фазы),*

Главная особенность гистограмм распределения капель по размерам на рис.7.3 заключается в том, что мода усреднённого спектра размеров капель чётко различается между типами структур: в С2 она приходится на область размеров менее 30 мкм, тогда как в С3 лежит в пределах 30 до 50 мкм. Такой характер отличий сохраняется при всех температурах, хотя и обнаруживает тенденцию к сглаживанию с её понижением. Указанная особенность не только усугубляет обнаруженное выше различие параметров микроструктуры жидкой фазы в облаках обоих типов структур, но и подчёркивает определённую дискретность в их характеристиках при малой вероятности промежуточной структуры.

Далее обсуждается сценарий становления устойчивого смешанного облака согласно нашим соображениям, исходящим из представленных здесь и других известных данных, а также из непреложных законов физики.

7.2. Процессы зарождения А-воды и льда в атмосфере.

Издавна считалось, что ледяные кристаллы в ХО зарождаются в облаке воды-1 путём замерзания капель на льдообразующих ядрах и благодаря значительному пересыщению пара надо льдом быстро растут до размеров частиц осадков. Однако такое представление противоречит тому факту, что типичные концентрации ледяных кристаллов в облаках и даже в осадках на порядки превосходят концентрации ядер замерзания, основательно изученных в лабораторных и полевых условиях, и далеко не испытывают присущей им резкой температурной зависимости [13,20,21]. Популярная и наивная идея "размножения кристаллов" не содержит разумного объяснения такого несоответствия.

Наши изыскания выявили другой, более адекватный по производительности механизм генерации ледяных частиц, где основным посредником в образовании ледяной фазы служит не обычная вода-1, а А-вода, которая в свою очередь зарождается при содействии воды-1. Этот механизм, бегло описанный в самом общем виде в разделе 4.2, служит, скорее всего, единственным средством образования А-воды в облаках.

В рамках бытующих представлений, конденсационное зарождение воды-1 происходит, когда относительная влажность воздуха становится пересыщенной над водой. Капли воды-1 образуются на облачных ядрах конденсации (ОЯК), перманентно присутствующих в атмосфере.

Однако в этой связи возникают следующие вопросы. Почему вместо воды-1 не конденсируется А-вода, обладающая более низким давлением насыщенного пара? Почему в атмосфере при отрицательных температурах неопределенно долго сохраняются зоны с пересыщением пара относительно льда. в которых тем не менее отсутствуют какие бы то ни было облачные образования [46]? Самый очевидный ответ на поставленные вопросы заключается в том, что ядра конденсации А-воды (ЯКАВ), как правило, отсутствуют во внеоблачном воздухе. Очевидно, что их образование имеет вторичную природу и, судя по всему, каким-то образом связано с облаками. Для выяснения вопроса о происхождения ЯКАВ обратимся к известным экспериментальным фактам.

Ещё в середине прошлого века Г.Вейкман (Weichmann) [46] глубоко исследовал механизмы образования облачного льда и пришёл к следующим основным выводам. При оледенении облака сначала образуются капельки, которые потом затвердевают. Ядра конденсационного зарождения льда не могут быть ни жидкими, ни газообразными. Охотнее всего (по [46]) кристаллы образуются на негигроскопических ядрах как ядра замерзания, т.е. через первичную жидко-водяную стадию. Вода в жидких каплях наблюдалась в лаборатории вплоть до $-72^{\circ}C$. Эти и подобные, необычные для тогдашнего времени факты могли бы зародить идею существования альтернативного состояния воды с особыми свойствами. Однако до этого дело не дошло, а полученные в [46] основания для этой идеи остались полузабытыми. Мы рассматриваем эту выдающуюся для своего времени работу в плане подтверждения наших выводов.

Напомним, что ледяные частицы в воздухе могут образоваться только путем замерзания (кристаллизации) капель воды-1 либо А-воды, т. е. через промежуточное образование одного из жидких состояний воды. Интерпретируя с этой позиции наблюдения Росински и др, [43], обнаруживших явление зарождения ледяных кристаллов на месте только что испарившихся капель переохлажденной воды-1, приходим к следующему выводу. Осушенные гетерогенные примеси, содержащиеся в каплях воды-1, приобретают свойства ЯКАВ, на которых тотчас же конденсируются капли А-воды. Последние превращаются в ледяные частицы при наличии в их ядрах зародышевых центров кристаллизации. Такие вторичные ЯКАВ способны коллективно зарождаться внутри водяного облака при снижении относительной влажности, достаточном для испарения части облачных капель. но при сохранении пересыщения надо льдом. Капельки А-воды, образовавшиеся на ЯКАВ, частично превращаются в ледяные кристаллы, благодаря чему облако приобретает "латентно-смешанную" структуру типа С1. фактически содержащую три конденсированные фазы воды.

Можно назвать целый ряд причин коллективного испарения облачных капель, инициирующего образование структуры С1. Однако, наиболее общим и эффективным представляется механизм, соответствующий версии всеобщего наличия мелкодисперсной ледяной фазы в "водяных" облаках (раздел 4.2). Согласно этой версии, ЯКАВ формируются уже в процессе облакообразования (здесь понятие облакообразования относится как к первичному зарождению облака, так и к конденсационному расширению облачных границ) следующим образом. В начальной стадии облакообразующего процесса возрастающее пересыщение пара по отношению к воде-1 не успевает компенсироваться его стоком на ещё мелкие частицы и достигает максимального значения. При этом одновременно с конденсационным зарождением облачных капель на гигроскопических ОЯК происходит адсорбционное обводнение негигроскопических частиц (ядер Айткена) [21,42]. С укрупнением облачных капель сток пара на них ускоряется, что ведет к понижению пересыщения над водой-1 и в результате к испарению водного конденсата с негигроскопических частиц. Часть этих частиц, имеющая определенную, но пока неизвестную физико-химическую природу и, вероятно, достаточные размеры, приобретает свойства ЯКАВ, активных при пересыщении пара над льдом.

То, что концентрация капель А-воды в ЛСО практически (по порядку величины) не зависит от температуры (рис.7.2), определенно свидетельствует о единообразии природы ЯКАВ при всех температурах. Вместе с тем, физика их образования при температурах ниже –40°С остается не вполне ясной. Можно только предположить, что осуществимость описанного адсорбционно-испарительного механизма обеспечивается начальным подогревом конденсата воды-1 выделяющейся теплотой до температуры выше –40°С, допускающей его существование. Во всяком случае, этот вопрос продолжает относиться к нерешённым проблемам физики ХО.

7.3. Формирование структуры типа С1

Итак, при отрицательной температуре воздуха облако образуется при пересыщении пара относительно воды-1. Практически с самого его зарождения в нем возникают, наряду с каплями воды-1, капли А-воды и ледяные частицы, то есть облако приобретает смешанную фазовую структуру типа С1. Пока ледяная фаза представлена достаточно мелкими (до 20 мкм) частицами, она не обнаруживает себя в признаках и эффектах, присущих ЛСО. Именно поэтому обычные наблюдения, опирающиеся на традиционные представления, относят ХО структуры С1 к чисто водяным облакам. Время жизни такого "водяного" слоистообразного облака согласно рутинным наблюдениям достигает многих часов, а в соответствии с рис.3.1 быстро сокращается с понижением температуры.

Отмеченная жизнеспособность подобной неравновесной дисперсной системы сильно отличается от представлений, сформированных на основе лабораторных опытов. Наиболее очевидной причиной такого несоответствия служит различие скоростей роста и испарения частиц в естественных и лабораторных условиях. В замкнутом рабочем объёме установки для изучения поведения искусственных туманов либо отдельных частиц неизбежны термодинамические и акустические возмущения с масштабами порядка размеров частиц. Благодаря вызванному ими микроперемешиванию, парциальное давление пара у самой поверхности частицы близко к фоновому значению, что обусловливает максимальную скорость конденсационного роста и испарения частицы.

Иначе обстоит дело в свободной атмосфере. Здесь при отсутствии внутренних источников возмущений скорости турбулентных движений убывают с уменьшением их масштабов. Особенно быстрое затухание турбулентности происходит в вязком интервале, охватывающем масштабы порядка сантиметров и менее [7]. Если частица настолько мала, что безынерционно увлекается воздушными движениями и обладает ничтожной скоростью гравитационного осаждения, то её можно считать неподвижной относительно спокойного воз-

54

душного окружения. В этом случае её массообмен с окружающим паром происходит в режиме, близком к режиму молекулярной диффузии, характеризующемуся постепенным переходом от насыщающей влажности у поверхности частицы к фоновой влажности. Сравнение теоретических оценок с лабораторными опытами показывают, что в этом режиме капли растут и испаряются на порядки медленнее, чем в режиме турбулентной диффузии. Многочасовое время жизни облаков мелкодисперсной смешанной структуры C1 указывает также на чрезвычайную низкую скорость роста мелких ледяных частиц и капель А-воды при значительных фоновых пересыщениях пара над ними (около 10% при -10°C без учета кривизны поверхности).

С учётом сказанного, развитие микрофизических процессов в смешанной структуре C1 представляется в следующем схематическом виде.

Предполагается, что в облаке существует восходящее движение. обеспечивающее непрерывный приток пересыщающего пара. Пока образовавшиеся в облаке частицы остаются достаточно малыми, сток пара на них недостаточен для устранения пересыщения над водой-1, благодаря чему частицы всех трех фазовых состояний испытывают одновременный конденсационный рост. Увеличение стока пара по мере укрупнения частиц влечет за собой снижение пересыщения над каплями воды-1 и все более опережающий рост частиц льда и А-воды. Возрастающий сток пара на эти частицы приводит к прекращению роста капель воды-1, а затем к их испарению, т. е. к началу процесса спонтанной бержероновской фазовой переконденсации.

Параллельно в облаке развиваются факторы, способствующие ускорению массообмена частиц с паром. Один из них – это локальные микромасштабные возмущения, вносимые выбросом пара каждой из замерзающих капель, как установлено в разделе 4.2., Помимо нагрева воздуха, поддерживающего режим восходящего движения, коллективное замерзание капель создаёт "стохастически-очаговую" пространственнпо-временную структуру микромасштабной турбулентности в облаке. В этих условиях скорость массообмена частицы с паром зависит от вероятности её попадания в микротурбулентную зону, в свою очередь возрастающую с ростом размера её и замерзающей капли [13,40], По всем соображениям, этот фактор представляет собой основной механизм расширения правого крыла спектра размеров капель А-воды и ледяных кристаллов в процессе их роста по Бержерону – Финдайзену.

]Другим фактором служит увеличение скорости гравитационного осаждения укрупняющихся частиц, прежде всего А-воды и льда. Сначала конденсационный рост этих частиц ускоряется за счёт эффекта обдува встречным потоком.

Дальнейшее падение в воздухе достаточно выросшей частицы вызывает локальное возмущение прилегающего воздуха, захватывающее окружение соседних частиц и ускоряющее их рост или испарение. Коллективный рост капель А-воды и ледяных частиц до размеров более $20 \div 30$ мкм резко усиливает интенсивность микромасштабного перемешивания и делает его необратимым. Процессы фазовых переходов приобретают прогрессивный, лавинообразный характер и сохраняют его до тех пор, пока не испарятся капли воды-1 и парциальное давления пара не снизится до насыщающего над льдом. Эта конечная стадия эволюции структуры С1 характеризуется максимально быстрым ростом частиц А-воды и льда и реализуется в форме переходной структуры С12, в которой максимальные размеры ледяных частиц составляют от 20 мкм до 200 мкм. Быстротечность структуры С12 удостоверяется ее ничтожной относительной повторяемостью, отмеченной ещё в разделе 3. Таким образом, эволюция облака структуры С1 завершается его необратимым превращением в ЛСО, состоящее только из капель А-воды и ледяных частиц.

Возникает вопрос: какой из механизмов возбуждения микроперемешивания – замерзание капель или гравитационное осаждение частиц – играет первостепенную роль в ограничении длительности существования структуры С1? Ответ на этот вопрос подсказывает то обстоятельство, что в соответствии с рис. 3.1 относительная повторяемость и, следовательно, среднее время жизни структуры С1 быстро падают с понижением температуры. Из всех параметров, способных прямо или косвенно повлиять на вышеописанные процессы, схожей температурной зависимостью обладает только величина, обратная концентрации известных атмосферных ядер замерзания (ЯЗ). Возникающая отсюда мысль о первичной роли замерзания капель требует более детального рассмотрения.

В принципе отдельные капли воды-1 замерзают с самого возникновения структуры С1. Однако эффект возникающих микромасштабных возмущений поначалу ничтожен вследствие малых размеров капель и низких концентраций ЯЗ. Отдельные очаговые возмущения от замерзающих капель быстро затухают вследствие вязкости воздуха, поэтому при малых концентрациях не оказывают заметного влияния на режим коллективного роста частиц. Известно, что с укрупнением капель растёт вероятность их замерзания. Это соответствует увеличению концентрации активных ЯЗ, несмотря на выбывание их части с замерзшими каплями. В общем случае степень влияния процесса замерзания капель на режим роста коллектива частиц определяется величиной k коэффициента заполнения облачного пространства зонами возмущений:

$$k \sim v(D) \cdot dN^*/dt \approx v(D) \cdot N_{FN}(T,D), \qquad (7.1)$$

где D – характерный диаметр облачных капель, $v(D)$ – средний эффективный объём зоны возмущений от замерзания одной капли как возрастающая функция D, N^* – концентрация замёрзших капель, $N_{FN}(T,D)$ – концентрация ЯЗ, активных при данных условиях. Обобщением зависимости их средней концентрации в атмосферном воздухе от температуры может служить эмпирическая формула, полученная Флетчером [31]:

$$N_{FN}(T) = N_0 \exp(-0{,}6T), \qquad (7.2)$$

где $N_0 \approx 10^{-8}$ см$^{-3}$, T – температура воздуха в °C. Однако капли в облаке замерзают не все сразу, а по мере их конденсационного роста. Нас же интересует скорость убывания концентрации капель во времени. Предпосылкой для решения этой задачи послужила связь вероятности замерзания капли с её размером d по Биггу, представленная в [3] в графическом виде и преобразованная нами в[13,40] в аналитическое выражение. Опуская довольно громоздкие детальные выкладки со ссылкой на [13,40], приведём конечный результат комбинации эмпирических зависимостей Флетчера и Бигга:

$$N_{FN}(T,D) = N_0 \cdot (D/D_0)^{1,7} \exp(-0{,}6T). \qquad (7.3)$$

Увеличение параметра k по мере укрупнения капель ускоряет рост частиц, в первую очередь А-воды и льда. Процесс в таком виде развивается до тех пор, пока не вступит в действие необратимый перемешивающий механизм гравитационного осаждения частиц.

По ориентировочной оценке [19], концентрации ледяных частиц с размерами менее 20 мкм в облаках структуры C1 составляют не менее ~10 см$^{-3}$, Поскольку концентрация замерзших капель воды-1 увеличивается со временем практически с нуля и едва ли достигает указанной величины, можно утверждать, что подавляющая часть облачных ледяных частиц образуется путём кристаллизации капель А-воды при зарождении облака, Благодаря более благоприятным условиям для роста, эти частицы превосходят по размерам замерзающие капли и таким образом содержат в себе основную долю ледяной массы. Отсюда следует важный вывод о том, что замерзанию капель воды-1 принадлежит лишь второстепенная роль в генерации облачного льда, основная же его роль сводится к ускорению конденсационного массообмена в облаке через возбуждение микромасштабного перемешивания при её замерзании. Возрастающий сток пара на растущие капли А-воды и ледяные кристаллы (процесс Бержерона – Финдайзена) приобретает лавинообразный характер и приводит к прекращению роста и затем к полному испарению капель воды-1. Время перехода структуры C1 в структуру C2, как следует из описанных выше (раздел 3.2) экспериментальных результатов, весьма незначительно по сравнению с временем существования каждой из этих структур.

Итак, приходим к выводу о том, что концентрации и спектры размеров ледяных кристаллов в сформировавшемся таким путём двухфазном облаке определяются свойствами не ядер замерзания воды-1, а ядер кристаллизации (замерзания) в составе ядер конденсации А-воды.

Подчеркнём, что концепция А-воды вовсе не отрицает существования и роли процесса Бержерона – Финдайзена в фазовой эволюции ХО. Просто она подразумевает переконденсацию воды-1 на ледяные частицы через промежуточную плёнку А-воды и одновременно на капли свободной А-воды. Действие механизма фактически ограничивается начальной стадией формирования ЛСО, представленной структурой типа C1.

7.4. Формирование двухфазной микроструктуры ЛСО

Образовавшееся смешанное облако, состоящее из капель А-воды и ледяных частиц, может быть определено в различных приложениях либо как конденсационно равновесное двухфазное облако, либо как "квазиледяное" облако, в котором часть "потенциального" льда остается в метастабильной переходной фазе.

Присутствие капель А-воды в ЛСО отображает основную роль конденсационных процессов в формировании их микроструктуры. Действие вторичного, коагуляционного механизма, как правило, ограничивается "обзернением" инливидуальных ледяных кристаллов закристаллизовавшимися каплями или образованием снежных агрегатов, а в исключительных случаях, относящихся к конвективному развитию облачных зон, проявляется в виде ледяной или снежной крупы. Применительно к облакам слоистых форм оставим коагуляционные процессы без обсуждения.

Микроструктура ЛСО формируется под влиянием следующих основных физических факторов [11,39]: (а) дисбаланс между парциальным давлением пара в облаке и его насыщающим давлением относительно частиц льда и А-воды, (б) обратная зависимость равновесного пересыщения пара от размеров частиц, (в) низкая энтальпия конденсации А-воды, обусловливающая гораздо более слабое, чем у льда, тепловое сопротивление процессам конденсации и испарения. Последнее означает, что дисперсная А-вода служит более эффективным, чем лед, регулятором относительного пересыщения пара в облаке и в свою очередь более чутко реагирует на динамику пересыщения. Учитывая подавляющий вклад дисперсной А-воды в полную водность ЛСО (Табл.7.1), можно предположить, что в общем случае ее эволюция должна происходить практически независимо и следовать тем же закономерностям, что и обычной воды-1 в чисто водяном (теплом) облаке. Однако экспериментальные данные обнаруживают специфические особенности формирования дисперсности жидкой фракции в ЛСО.

Напомним, что понятие ЛСО относится к двум типам смешанных структур, С2 и С3, критерием разграничения которых послужило соответственно наличие или отсутствие инструментально обнаружимой мелкодисперсной фракции частиц (менее ~20 мкм). На рис.7.3.представлены осреднённые спектры размеров капель А-воды в облаках обеих структур в зависимости от температуры. Их характер отчётливо демонстрирует дискретный характер различия между спектрами капель в обеих структурах при всех температурах.

Общая схема формирования обоих видов спектров выглядит довольно очевидной. Условием существования структуры типа С2 является достаточно высокое пересыщение пара для равновесного существования мелкодисперсной фракции частиц, очевидно, обоих фазовых состояний. Такое динамическое пересыщение образуется, в частности, в процессе адиабатического охлаждения воздуха в восходящем движении, поддерживаемом за счет выделения теплоты при конденсации пара на частицы. По мере роста частиц сток пара на них ускоряется и его пересыщение снижается со временем до такой величины, при которой начинается испарение наиболее мелких частиц. Затраты тепла на их испарение приводят к замедлению восходящего движения, что способствует дальнейшему снижению пересыщения. Испарение частиц левого крыла спектра размеров и соответственно рост более крупных частиц происходят до тех пор, пока в облаке не установится равновесное насыщение пара над частицами. Это конечное состояние соответствует структуре типа С3.

Обратим внимание на то, что область существования структуры С2 ограничивается температурами выше −40°С (рис.3.2). Это обстоятельство согласуется с выводом о том, что структура С2 возникает из С1 при участии воды-1, как описано в предыдущем разделе. При этом достаточно мелкодисперсная фракция частиц, характерная для структуры C2, по всей вероятности зарождается на гетерогенных остатках последних из испарившихся капель воды-1.

При температурах ниже –40°C процесс облакообразования начинается с возникновения мельчайших частиц, первоначально образующих структуру типа C2. Однако превращение этой структуры в C3 совершается за такое короткое время, что промежуточная стадия C23 практически не отображается в статистике данных. Ее быстротечность подтверждается в наблюдениях, относящихся к перистым облакам типично волокнистого визуального строения. Из анализа наших измерений в таких облаках удалось установить, что резко повышенная оптическая плотность, обеспечивающая контрастную яркость волоконных образований, обусловлена присутствием в них больших концентраций мелких частиц с размерами менее ~20 мкм. В то же время вклад в среднее (фоновое) значение коэффициента экстинкции облака со стороны частиц с размерами более 200 мкм никогда не превосходит единиц процентов. Отсюда следует, что визуальная структура перистых облаков образована не полосами падения осадков, как традиционно считается, а турбулентными либо восходящими воздушными струями, заполненными гораздо более мелкодисперсными образованиями. Простым глазом с земли легко проследить. как первоначально контрастные волокна бледнеют и затем растекаются в слабую пелену, превращаясь в структуру типа C3 за считанные минуты после своего возникновения.

Когда относительная влажность в ЛСО становится ниже насыщающей над льдом или А-водой, например, в случае нисходящего движения, облачные капли испаряются в первую очередь благодаря низкой энтальпии испарения А-воды, Таким образом, диссипация ЛСО совершается через стадию чисто ледяной структуры. В соответствии с ранее сказанным в данном разделе, чисто ледяная структура облака сохраняется и после восстановления пересыщения пара над льдом, если только оно не достигнет пересыщения над водой-1. В противном случае повторяется вышеописанный цикл превращений C1 – C3.

7.5. Конвекция и осадки

Всё изложенное выше относилось к облакам слоистых форм. Чтобы обозначить роль А-воды в образовании мощных кучевых и кучево-дождевых облаков, опишем в предельно упрощённом виде предлагаемую модель их развития с учётом вновь выявленных микрофизических факторов.

Начиная с момента возникновения облака при положительной температуре воздуха в условиях пересыщения пара над водой, его вершина растёт в высоту (т.е. облако развивается) благодаря восходящему движению воздуха как результату его подогрева тепловой энергией, выделяющейся при конденсации водяного пара на каплях воды-1. Когда вершина облака пересекает изотерму 0°C, то часть капель замерзает, а образующиеся при этом ледяные частицы растут под действием процесса Бержерона–Финдайзена, т.е. за счёт испарения остальных капель в связи с образовавшимся недосыщением пара над жидкой водой-1. В свете привычных понятий облачный воздух лишается тепловой подпитки, что в принципе должно подавлять восходящее движение и в результате препятствовать дальнейшему развитию облака. Однако в действительности этого не происходит и мощная конвекция, как правило, глубоко проникает в область отрицательных температур, нередко достигая стратосферных высот.

В объяснении этого поразительного феномена на помощь вновь приходит А-вода, "утилизирующая" гетерогенные "отходы" испарившихся капель воды-1 для создания собственных капель, как описано выше. Часть образовавшихся капель А-воды замерзает по достижении ими достаточных размеров, выделяя при этом удельную энергию

$$Q = \beta W_A L_f, \qquad (7.4)$$

где W_A – удельное содержание (водность) А-воды, L_f – скрытая энергия кристаллизации А-воды, β – доля замерзающей воды в W_A. Аналогичное выражеие, где места величин W_A и L_f занимают содержание воды-1 и скрытая теплота L_c её конденсации, характеризует энергоёмкость тёплой части конвективного образования. В соответствии с табл. 6.1 значения L_f и L_c практически совпадают. Другие параметры (7.4) могут испытывать расхождения любого знака, откуда следует, что процесс конвективного развития облака может успешно продолжаться и даже усиливаться при температуре ниже 0°C. Это и происходит в действительности, где конвективное облако представляет собой многопараметрическую саморегулируемую систему, определяющую значения её параметров.

Незамёрзшая часть капель А-воды составляет равновесную со льдом жидкую фракцию смешанных по фазе облаков, способную к дальнейшему наращиванию числа, размеров и массы, что влечёт за собой ускорение их гравитационного осаждения и выпадения из облака. Процессы фазовых превращений А-вода – водяной пар – вода-1 в зоне нулевой изотермы завершают формирование жидких наземных осадков.

Очевидно, подобное же развитие осадкообразующей конвекции может происходить при отрицательной температуре в облаке и до самой земной поверхности. В этом убеждают нередкие случаи, когда укрупнившиеся капли А-воды выпадают на землю либо непосредственно в жидком виде, либо в составе смешанных осадков. Эти "зимние" осадки – в метеорологических терминах гололёд и снег с дождём – при контакте с твёрдой поверхностью замерзают в форме гололедицы на горизонтальных участках и наледи (изморози) в других различных местах осаждения капель.

Замерзая, А-вода превращается в такой же обычный лёд, как и переохлаждённая обычная вода-1. При таянии этот лёд переходит в обычную воду. Таким образом, признаки выпадения именно А-воды заложены только в температуре и характере осадков и порождающей их облачности. К примеру, случается не столь уж редкое явление, когда под тонким пушистым слоем свежевыпавшего снега на твёрдой поверхности, например, дорожного покрытия обнаруживается новообразованная скользкая ледяная корка. Очевидно, что такого рода гололедица выдаёт незримое присутствие жидких капель в снежных осадках, а значит, и в порождающих их облаках. Действительно, тяжёлые и обтекаемые по форме капли А-воды опережают в падении ледяные кристаллы и поэтому успевают образовать сплошное ледяное покрытие до начала собственно снегопада. Образование крупы и града связано с агрегацией частиц А-воды и льда.

8. Мифы и реалии в микрофизике холодных облаков

В ходе комплексного анализа микрофизического строения холодных облаков выяснены физические причины тех особенностей их свойств, которые до сих пор не получили адекватного физического понимания или же просто оставались не замеченными. Полученные результаты и выводы убеждают в том, что сегодняшние знания о строении холодных облаках достаточно далеки от совершенства. Опираясь исключительно на хорошо известные, тысячелетиями выношенные рутинные представления о природе и свойствах воды как химического вещества, наука о микрофизике холодных облаков, лишённая стимула и опыта систематического изучения данной проблемы, оказалась во власти абстрактных, умозрительных гипотез, в большинстве не имеющих под собой реалистических физических оснований.

Самым показательным примером может служить устойчивое, несмотря на "законное" противодействие со стороны процесса Бержерона – Финдайзена, сосуществование жидкой и ледяной дисперсных фаз в одном облаке. Предложенные в объяснения версии, такие как наличие в облачной воде неких химических примесей, пространственная разобщённость фазовых компонент, термодинамические факторы и другие, не получили сколько-нибудь убедительного обоснования и подтверждения. Одним из главных контрдоводов является фанатичное неверие информативным фактам и приборным данным. Не спасают и изощрённые теоретические схемы, каких немало появилось в последние годы – природа просто не желает подчиняться их диктату.

Оставались без внятного объяснения и другие разнородные странности, связанные с ХО. Это цветная глория на их верхней границе, волокнистая структура "ледяных" перистых облаков, "квазижидкая" пленка на поверхности ледяных частиц, выпадение зимнего замерзающего дождя и другие, включая не упомянутые в данном исследовании. Каждое из подобных аномальных явлений "обзавелось" тем или иным числом гипотез-догадок, ни одна из которых так и не добилась статуса доказанной истины. Становилось всё более очевидным, что поиски отдельной причины каждого индивидуального непонятного явления безуспешно изжили себя и более вероятное ожидание связано с наличием связывающего их единого фактора.

По логике, единственным носителем общего причинного фактора остаётся вода, из которой состоят холодные облака. К этому выбору мы обратились на том основании, что вода как вещество H_2O в силу особенностей внутренней структуры способна к полиморфизму, как показывает пусть пока небогатый опыт изучения её структурных модификаций. Наши углублённые комплексные исследования со всей очевидностью показали, что и в самом деле существует в природе и устойчиво присутствует в виде капель в смешанных облаках жидкая полиморфная форма воды, А-вода, по всем своим свойствам способная объяснить природу вроде бы необъяснимыми аномалий. Более того, А-вода вообще берёт на себя ведущую роль в процессе формирования устойчивой микроструктуры холодных облаков слоистых форм, оставляя за обычной водой-1 вспомогательные функции в процессе своего зарождения, а за ледяными частицами – практически пассивное следование своему поведению.

Из всего содержания настоящей работы вытекает, что главное заблуждение в сегодняшнем понимании физики ХО заключается в неприятии самой возможности устойчивого природного существования при T<0°C видоизменённой формы жидкой воды, обладающей весьма специфическими физическими свойствами по отношению к переохлаждённой обычной воде. Понятно, что столь неожиданное и резкое изменение в привычных представлениях трудно укладывается в личное и общественное сознание. Автору самому с трудом удалось перешагнуть через собственные инстинктивные сомнения за счёт расширения и системного анализа доверительной информации в подтверждение истинности собственных аргументов и выводов. На это потребовалось значительное время.

Не следует думать, что факт существования А-воды слишком далёк от наших жизненных интересов, чтобы привлечь к себе особое внимание. Так, опытные лётчики знают, что опасное обледенение самолёта неожиданно случается и в тех облаках, где сама возможность неизбежного присутствия жидкой замерзающей (метастабильной) формы воды категорически опровергается господствующей "официальной" облачной наукой. А чего стоят наивные фантазии в попытках популярного объяснения природы таких, увы, нередких природных явлений, как жидкие и смешанные "зимние" осадки, называемые в метеорологии соответственно "гололёд" и "снег с дождем" и являющиеся причиной далеко не безобидных явлений гололедицы и изморози. Кстати отметим, что термин "ледяной дождь" относится к совершенно конкретному, хотя и довольно редкому явлению – выпадению мириадов замёрзших капель в виде ледяных шариков, сохраняющих свою форму в контакте с твёрдой поверхностью в отличие от гололёда.

Те, кому приходилось попасть под зимний дождь, возможно, испытали ощущение хлёсткости и колючести при попадании капель на кожу рук и лица, далеко не похожее на мягкое прикосновение летнего дождя. Но кто всерьёз задумается над такой мелочью?

9. Заключение

Целью и содержанием данной работы явились обоснование и развитие принципиально новых концепций в физике облаков с отрицательными температурами. Полученные выводы базируются на разнообразном экспериментальном материале и в первую очередь на уникальных по информативности данных о фазово-дисперсном строении ХО, полученных в исследованиях ЦАО с помощью комплекса самолетной аппаратуры с расширенными функциональными возможностями. Эти данные не только существенно дополняют накопленный ряд наблюдений, систематически расходящихся с априорными базовыми концепциями в физике ХО, но и содержат ключевые основы для выяснения причин таких расхождений. Физическая интерпретация всей совокупности данных потребовала привлечения современных знаний по структурной физической химии, в том числе относящихся к воде и включающих в себя результаты лабораторных исследований ее альтернативных фазовых состояний.

В результате анализа комплексных данных установлен факт перманентного присутствия в любых заведомо льдосодержащих облаках (ЛСО) жидкой капельной воды в аморфном фазовом состоянии (А-вода), сильно отличающейся по физическим свойствам от обычной переохлаждённой воды. Такая структурная модификация, или фазовая разновидность H_2O была известна ранее по лабораторным экспериментам как твёрдый аморфный конденсат (лёд) и его консистентный расплав, переходящий в неустойчивое жидкое состояние. Наши исследования позволили уточнить и расширить перечень эмпирически установленных физических характеристик этой фазы воды в жидком агрегатном состоянии. Выявлены такие свойства А-воды. как роль промежуточной фазы в конденсационном отложении кристаллического льда, способность оставаться в метастабильном свободном состоянии, конденсационное равновесие со льдом, сохранение жидкого состояния при температурах значительно ниже −40°С и самая низкая энтальпия испарения из всех конденсированных фаз воды. Эти свойства обусловливают такие особенности двухфазной микроструктуры ЛСО и ее эволюции, которые не имеют адекватных объяснений в рамках бытующих утилитарных знаний по физике воды. Перманентное присутствие А-воды в ЛСО доказывает первичную роль конденсационного процесса в их формировании.

Другой важный результат состоит в том, что в тех ХО, которые общепринято считать чисто водяными, на самом деле с каплями переохлаждённой обычной воды длительно сосуществует мелкодисперсная и потому прежде не замеченная ледяная фракция. В общем плане физики облаков этот обнаруженный феномен указывает на критическую роль микромасштабной турбулентности в кинетике облачных процессов, что ещё нуждается в теоретическом осмыслении и обобщении. Подобное "латентно-смешанное" состояние ХО в первичной стадии эволюции и другие смежные наблюдения проливают свет на естественный механизм генезиса ядер конденсации и кристаллизации А-воды, инициирующих дальнейшее формирование ЛСО.

В справедливости полученных в работе выводов убеждает тот факт, что на их основе, опираясь на элементарные физические понятия, находят простые объяснения все без исключения особенности физического строения и эволюции ХО, как и природа связанных с ними явлений, Отпадает необходимость в целом ряде умозрительных предположений и гипотез, в настоящее время господствующих в науке о физике холодных облаков.

Новые результаты и выводы радикально меняют представления об оптических. радиационных и других прикладных свойствах ЛСО как физической дисперсной среды. По грубой оценке, содержание жидкой А-воды в атмосфере Земли составляет $10^{11} - 10^{12}$ тонн. Наличие больших количеств свободной А-воды в облаках по-новому ставит вопрос об их роли в аккумуляции, трансформации и глобальном переносе атмосферного аэрозоля. В этой связи возникает особый интерес к свойствам А-воды как среды и агента в гетерогенных химических реакциях. Представляется, что изучение этих свойств поможет найти ответы на многие еще не решенные вопросы химии атмосферы. Также требуют отдельного рассмотрения физические основы эффектов активных воздействий различными средствами на ХО различного фазового строения. Это необходимо для выработки физически обоснованных подходов к получению желательных и предотвращению нежелательных результатов антропогенного влияния на природную среду. Перечень подобных задач, требующих решения на адекватной основе, можно продолжить в рамках конкретных научно-прикладных проблем, связанных с физикой ХО.

Попутным выходом данного исследования является пополнение и уточнение знаний о жидких полиморфных формах воды, служащее интересам как физики холодных облаков, так и физической химии воды. В процессе исследований микрофизического строения холодных атмосферных облаков обнаружились не только необходимость, но и уникальные возможности для изучения свойств присутствующих в них метастабильных форм H_2O – переохлаждённой обычной воды (воды-1) и жидкой аморфной воды (А-воды). На основе анализа самолетных измерений, природных явлений и известных лабораторных опытов впервые с достаточной достоверностью оценены важнейшие характеристики аморфной воды. Опираясь на современные представления об основах межмолекулярной структуры воды, уточнены некоторые свойства воды-1, а также исследованы особенности внутреннего процесса кристаллизации метастабильной воды и сопровождающих эффектов, связанных с выделением пара в моменты кристаллизации. Представлен список сравнительных свойств воды-1 и аморфной воды. Продемонстрировано приложение полученных результатов в физике холодных облаков.

Исследования выполнены на основе экспериментальных предпосылок, а их выводы предоставляют реалистические объяснения всех "аномальных" особенностей строения и эволюции холодных облаков и связанных с ними эффектов. Представляется, что это служит самой высокой аттестацией достоверности и востребованности концепции А-воды, выработке которой посвящена эта книга.

В свете резко участившихся в последние годы грозных явлений природы типа ураганов, смерчей, наводнений, градобитий и других, всё более актуальной становится необходимость интенсификация исследований водоносности и энергоёмкости конвективной облачности, процессов её развития и способов подавления нежелательных эффектов. Автор уверен, что использование концепции А-воды в холодных облаках поможет в достижении столь необходимых для человечества результатов.

.

Послесловие автора

Настоящий труд явился по существу кратким отчетом автора о его главных достижениях за более чем полвека работы в в Центральной аэрологической обсерватории. Это было трудное и интересное время. Главной наградой за терпение и настойчивость в поисках истины послужило такое же чувство, которое наверняка испытали все первооткрыватели. Констатируя факт личного авторства и непосредственного участия с начала до конца в описанном здесь исследовании, не могу не оценить с глубокой благодарностью доброжелательность и помощь со стороны сотрудников лаборатории и других научных отделов ЦАО, а также работников экспериментально-производственных мастерских и гаража. Сегодня "одних уж нет, а те далече", но добрая память о них остаётся. Особенно тёплую благодарность адресую самым верным моим помощницам – Тамаре Лоба и Нине Сафроновой. Отдельная признательность А. Г. Петрушину и А. В, Королёву за неоценимое содействие в расследовании природы глории.

Литература

1. Боровиков А. М. Экспериментальные исследования физического строения облаков. – Диссертация. ЦАО. 1969. 254 с.
2. Боровиков А. М.. Гайворонский И. И.. Зак Е. Г. и др. Физика облаков. – Л.. Гидрометеоиздат. 1961. 459 с.
3. Вода и водные растворы при температурах ниже 0 ^{o}С. Под ред.Ф. Франкса. Киев. Наукова думка. 1985. 388 с.
4. Волковицкий О. А., Павлова Л. Н., Петрушин А. Г. Оптические свойства кристаллических облаков.– Л., Гидрометеоиздат, 1984. 198 с.
5. Дерягин Б.В., Чураев Н.В. Новые свойства жидкостей. М., Наука, 1971. 176 с.
6. Зацепина Г. Н. Физические свойства и структура воды. – Изд. МГУ. 1998. 174 с.
7. Мазин И. П.. Шметер С. М. Облака. строение и физика образования. – Л., Гидрометеоиздат. 1983. 279 с.
8. Маэно М. Наука о льде. – М.. Мир. 1988. 231 с.
9. Мезрин М.Ю., Миронова Г.В. Некоторые результаты исследования влажности воздуха в слоистообразных облаках. – Тр. ЦАО. 1991. вып. 178. с. 125–132.
10. Миннарт М. Свет и цвет в природе.– М.. Наука. 1969. 344 с

11. Невзоров А.Н. Экспериментальные основы физической модели льдосодержащих облаков. – Деп. во ВНИИГМИ МЦД. N 1037-гм90. 1990. 105 с.
12. Невзоров А.Н. Исследования по физике жидкой фазы в льдосодержащих облаках. – Метеорология и гидрология. 1993. №1. с. 55–68.
13. Невзоров А.Н. О внутреннем механизме кристаллизации метастабильной жидкой воды и об его эффектах, влияющих на внутриоблачные процессы. – Изв. РАН, Физ. атм. и океана, 2006, **42**, №6, с. 830–838.
14. Невзоров А.Н. Явление глории и природа жидкокапельной фракции в холодных облаках. – Оптика. атмосферы. и океана., 2007, № 8, с. 674–680.
15. Невзоров А.Н. Биморфизм и свойства жидкокапельной воды в холодных облаках. – В сб.: "Вопросы физики облаков". М.: Метеорология и гидрология, 2008. С.268-298.
16. Невзоров А.Н., О теории и физике образования глории. – Оптика. атмосферы и океана, **24** № 4 2011, с. 344-348.
17. Невзоров А. Н.. Петров В. В.. Шугаев В. Ф. Определение фазодисперсного состава облаков с помощью облачного приборного комплекса ЦАО. – В сб.:" Активные воздействия на гидромет. процессы. Всес. конф. Киев. 1987". Л. Гидрометео-издат. 1990. с. 571-576.
18. Невзоров А. Н.. Шугаев В. Ф. Использование интегральных параметров при исследовании микроструктуры капельных облаков. – Тр. ЦАО. 1972. вып. 101. с. 32–47.
19. Невзоров А. Н.. Шугаев В. Ф. Наблюдения ранней стадии эволюции ледяной фазы в переохлажденных облаках. – Метеорология и гидрология. 1992. №1. с. 84–92.
20. Невзоров А. Н.. Шугаев В. Ф. Экспериментальные исследования фазо-дисперсного строения облаков слоистых форм при отрицательных температурах. – Метеорология и гидрология. 1992. №8. с. 52–65.
21. Облака и облачная атмосфера: Справочник. Ред. И.П. Мазин, А.Х. Хргиан. Л, Гидрометиздат, 1998. 649 с.
22. Скрипов В. П.. Коверда В. П. Спонтанная кристаллизация переохлажденных жидкостей. М., Наука. 1984. 231 с.
23. Урусов В. С. Теоретическая кристаллохимия. – М.. Изд-во МГУ. 1987. 275 с.
24. Хюлст Г.. ван де. Рассеяние света малыми частицами. – М., Изд-во иностр. литературы. 1961. 536 с.
25. Шифрин К. С. Введение в оптику океана. – Л., Гидрометеоиздат. 1983. 278 с.
26. Шифрин К. С., Шифрин Я. С., Макулинский И. А. Рассеяние света ансамблем больших частиц произвольной формы. – ДАН СССР, 277, № 3, 1984, с. 582–585.
27. Эйзенберг Д.. Кауцман В. Структура и свойства воды.– Л.. Гидрометеоиздат. 1975. 280 с.
28. Angell, C.A.,: Amorphous water. – Annu. Rev. Phys. Chem., **55**, 2004.. 559– 583.

29. Cober S.G.. Strapp J.W.. Isaak G.A. A case study of freezing drizzle formed through a collision coalescence process. – AMS Conf. on Cloud Phys.. Dallas. Texas. 1995. p. 286–291.

30. Delsemme A. H.. Wenger A. Superdense water ice. – Science. 1970. v. 167. No. 3914. p. 44-45.

31. Fletcher N. H. The chemical physics of ice. – Cambr.Univ.Press. 1970. 271 p.

32. Gurganus, C., Kostinski, A., Shaw, R.A. "Fast imaging of freezing drops: No preference for nucleation at the contact line. –" *J.* Phys. Chem. Lett., 2011, 2, 1449-145).

33. Jellinek H. H. G. Liquid-like (transition) layer on ice. – J. Colloid and Interface Sci.. 1967. v. 25. No.2. p.192–197.

34. Korolev A. V.. Strapp J. W.. Isaac G. A.. Nevzorov A. N.. The Nevzorov airborne hot wire LWC/TWC probe: principal of operation and performance characteristics. – J. of Atm. and Oceanic Techn.. v. 15. N 6. Dec.1998. p. 1495 – 1510

35. Nevzorov A.N.,: Permanence, properties and nature of liquid phase in ice-containing clouds. – 11th Int. Conf. on Clouds and Precip., Montreal, Canada, 1992,. 270–273.

36. Nevzorov A.N., 1996: Observations of initial stage of ice development in supercooled clouds. – 12th Int. Conf. on Clouds and Precipitation, Zurich, Switzerland, p. 124–127.

37. Nevzorov A.N., 1997: An experience and promising results of advanced measurements into microphysics of cold clouds. – WMO Workshop on Meas. of Cloud Properties for Forecasts of Weather and Climate, Mexico City, p. 173–182.

38. Nevzorov A.N., 2000: Cloud phase composition and phase evolution as deduced from experimental evidence and physico-chemical concepts. – 13th Int. Conf. on Clouds and Precipitation, Reno, Nevada, USA, p. 728–731.

39. Nevzorov A. N.,: Glory phenomenon informs of presence and phase state of liquid water in cold clouds. – Atm. Res., **82**, 2006, Nos 1–2, p. 367–378.

40. Nevzorov A. N.,: Some properties of metastable states of water. – Phys. of Wave Phenomena, 2006 № 1, p. 45–57.

41. Nevzorov A. N.. Liquid-state water bimorphism in cold atmospheric clouds.– In:: "Atmospheric Science Research Progress", New York, Nova Sci. Publ.,,2009. p. 15–58.

42. Pruppacher H. R.. Klett J. D. Microphysics of clouds and precipitation.– D. Reidel Publ. Co. 1998. 714 p.

43. Rosinski J.. Morgan G. Cloud condensation nuclei as a source of ice-formation nuclei in clouds. – J. Aerosol Sci.. 1991. v. 22. No. 2. p. 123–133.

44. Simpson R. H. Liquid water in squall lines and hurricanes at the temperature lower than −40°. Month. Weather Rev.. 1963. v. 91. No. 10/12. p. 687–693.

45. Stillinger F.H.,: Water revisited. – Science, **209**, 1980 No 4455, p. 451–457.

46, Weickmann H. The ice phase in the atmosphere. – Royal Aircraft Establishment Farnborough, GB, 1948 95 p.; Die eisphase in der atmosphäre. – Berlin, Deutsch Wetterdienst, №6, 1949.

Printed by Books on Demand GmbH, Norderstedt / Germany